土木工程专业基础实验教程

主编　吕向明　李晓莲　李灵君

东南大学出版社

SOUTHEAST UNIVERSITY PRESS

· 南京 ·

内容提要

本书根据高等学校土木工程本科指导性专业规范对基础实验教学要求,参考中华人民共和国国家标准以及住房和城乡建设部颁布的现行检验标准与验收规范,对土木工程材料实验、材料力学实验、土力学实验、工程地质实验等土木工程基础实验从实验目的、实验内容、实验步骤、成果整理等方面作了详尽介绍。

本书可作为本、专科学校土木工程类专业基础实验教材,也可供从事本专业的工程技术人员使用。

图书在版编目(CIP)数据

土木工程专业基础实验教程/吕向明,李晓莲,李灵君主编. —南京:东南大学出版社,2021.4
ISBN 978-7-5641-9331-7

Ⅰ. ①土… Ⅱ. ①吕… ②李… ③李… Ⅲ. ①土木工程—实验—高等学校—教材 Ⅳ. ①TU-33

中国版本图书馆 CIP 数据核字(2020)第 264078 号

土木工程专业基础实验教程

Tumu Gongcheng Zhuanye Jichu Shiyan Jiaocheng

主　　编	吕向明　李晓莲　李灵君
出版发行	东南大学出版社
出 版 人	江建中
社　　址	南京市四牌楼 2 号(邮编:210096)
网　　址	http://www.seupress.com
经　　销	全国各地新华书店
印　　刷	江苏凤凰数码印务有限公司
开　　本	787 mm×1092 mm　1/16
印　　张	15.75
字　　数	386 千字
版　　次	2021 年 4 月第 1 版
印　　次	2021 年 4 月第 1 次印刷
书　　号	ISBN 978-7-5641-9331-7
定　　价	48.00 元

前　言

　　土木工程专业和近土木工程类各专业的专业基础课程主要包括土木工程材料、材料力学、土力学、工程地质、结构力学等课程。土木工程专业基础实验是各专业基础课程教学的重要组成部分,通过实验使学生熟悉土木工程专业基础实验标准、规范与技术要求,巩固与丰富理论知识,培养学生发现问题、解决问题的能力,训练学生的实践技能。

　　本教程具有以下特点:一是注重实验与理论知识结合,巩固和加深学生对所学基本原理的理解;二是培养学生运用所学理论分析问题和解决问题的能力,树立实事求是的科学态度和严谨的工作作风;三是培养学生综合分析的能力,激发学习兴趣,提升学生工程实践能力和创新能力。

　　本教程由天水师范学院吕向明、李晓莲、李灵君共同编写完成,在编写过程中得到了天水师范学院土木工程系全体教师的大力支持,在此表示诚挚感谢!

　　鉴于编者水平所限,书中不当之处在所难免,敬请读者批评指正。

编者

2020 年 5 月

目　录

第二部分　材料力学实验

第三部分 土力学实验

第四部分　工程地质实验

第一部分　土木工程材料实验

实验 1

土木工程材料基本性质实验

实验 1-1　水泥密度实验

一、实验依据与适用范围

本实验依据《水泥密度测定方法》(GB/T 208—2014)进行。此方法适用于测定水泥的密度,也适用于测定采用本方法的其他粉状物料的密度。

二、实验目的

材料的密度是指在绝对密实状态下单位体积的质量。利用密度可计算材料的孔隙率和密实度。孔隙率的大小会影响材料的吸水率、强度、抗冻性及耐久性等。

三、实验原理

将水泥倒入装有一定量液体介质的李氏瓶内,并使液体介质充分地浸透水泥颗粒。根据阿基米德定律,水泥的体积等于它所排开的液体体积,从而算出水泥单位体积的质量即为密度,为使测定的水泥不产生水化反应,液体介质采用无水煤油。

四、主要仪器设备和药品

(1)李氏瓶:横截面形状为圆形,外形尺寸如图 1-1-1 所示,应严格遵守关于公差、符号、长度、间距以及均匀刻度的要求;最高刻度标记与磨口玻璃塞最低点之间的间距至少为 10 mm,如图 1-1-1 所示。

李氏瓶的结构材料是优质玻璃,透明无条纹,且有抗化学侵蚀性且热滞后性小,要有足够的厚度以确保较好的耐裂性。

瓶颈刻度由 0~1 mL 和 18~24 mL 两段刻度组成,且 0~1 mL 和 18~24 mL 应以 0.1 mL 为分度值,任何标明的容量误差都不大于 0.05 mL。

(2)恒温水槽:应有足够大的容积,可以使水温稳定控制在(20±1)℃。

(3)天平:量程 500 g,精度 0.01 g。

(4)温度计:量程 50℃,精度 0.1℃。

(5)无水煤油:符合《煤油》(GB 253—2008)的要求。

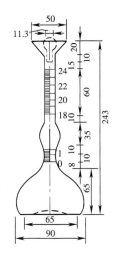

图 1-1-1　李氏瓶
(单位:mm)

五、试样制备

将试样研磨后,用 0.9 mm 方孔筛筛除筛余物,放到(110±5)℃的烘箱中,烘至恒重,再放入干燥器中冷却至室温待用。

六、实验步骤

(1) 将无水煤油注入李氏瓶中到 0～1 mL 刻度线后(以弯月面下部为准),盖上瓶塞放入恒温水槽内,使刻度部分浸入水中[水温应控制在(20±1)℃],恒温至少 30 min,记下初始(第一次)读数 V_1。

(2) 从恒温水槽中取出李氏瓶,用滤纸将李氏瓶细长颈内没有煤油的部分仔细擦干净。

(3) 用天平称取水泥试样 60 g,称准至 0.01 g。

(4) 用小匙将水泥样品一点一点地装入李氏瓶中,反复摇动(亦可用超声波震动),至没有气泡排出,再次将李氏瓶静置于恒温水槽中,恒温至少 30 min,记下第二次读数 V_2。

(5) 记第一次读数和第二次读数时,恒温水槽的温度差不大于 0.2℃。

七、实验结果计算

水泥体积应为第二次读数 V_2 减去初始(第一次)读数 V_1,即水泥所排开的无水煤油的体积(mL)。按式(1-1-1)计算试样密度 ρ(精确至 0.01 g/cm³):

$$\rho = \frac{m}{V_1 - V_2} \tag{1-1-1}$$

式中 ρ——水泥密度,g/cm³;

m——水泥质量,g;

V_1——李氏瓶的第一次读数,mL;

V_2——李氏瓶的第二次读数,mL。

按规定,密度实验用两个试样平行进行,以其计算结果的算术平均值作为最后结果,但两个结果之差不应超过 0.02 g/cm³。

实验 1-2 砂、石密度实验

一、实验依据

本实验依据《建设用砂》(GB/T 14684—2011)、《普通混凝土用砂、石质量及检验方法标准》(JGJ 52—2006)和《建设用卵石、碎石》(GB/T 14685—2011)进行。

二、实验目的

检验砂、石的各项技术指标是否满足使用要求,同时也为混凝土配合比设计提供原材料参数。

三、实验取样

1. 砂的取样

(1) 按砂的同产地、同规格分批取样验收。采用大型工具(如火车、货船或汽车)运输的,以 400 m³ 或 600 t 为一验收批;采用小型工具(如拖拉机等)运输的,以 200 m³ 或 300 t 为一验收批。当砂质量比较稳定、进料量较大时,可以 1 000 t 为一验收批。不足上述量者也按一验收批进行取样验收。

(2) 在料堆上取样时,取样部位应均匀。取样前先将砂子表层去除,然后从不同部位随机抽取大致等量的砂 8 份,组成一组样品;从皮带运输机上取样时,应用与皮带等宽的接料器在皮带运输机机头出料处全断面定时随机抽取大致等量的砂 4 份,组成一组样品;从火车、汽车、货船上取样时,从不同部位和深度随机抽取大致等量的砂 8 份,组成一组样品。

(3) 将取来的试样利用分料器法或采用人工四分法进行缩取试样。分料器法即试样在潮湿状态下拌和均匀,然后通过分料器,取接料斗中的其中一份再次通过分料器;重复上述过程,直至把样品缩分到实验所需量为止。人工四分法即将所取试样置于平板上,在潮湿状态下拌和均匀,并堆成厚度约为 20 mm 的圆饼,然后沿互相垂直的两条直径把圆饼分成大致相等的 4 份,取其中对角线的两份重新拌匀,再堆成圆饼;重复上述过程,直至把样品缩分到实验所需的量为止。含水率和堆积密度所用试样可不经缩分,在拌匀后直接取样进行实验。

(4) 常规的砂单项实验取样数量见表 1-1-1。

表 1-1-1　常规的砂单项实验取样数量

序号	实验项目	最少取样数量/kg
1	表观密度	2.6
2	堆积密度与空隙率	5.0
3	含泥量	4.4
4	含水率	1.0
5	颗粒级配	4.4

(5) 实验室的温度应控制在(20±5)℃。

2. 碎石或卵石的取样

(1) 按石子的同产地、同规格分批取样验收。采用大型工具(如火车、货船或汽车)运输的,以 400 m³ 或 600 t 为一验收批;采用小型工具(如拖拉机等)运输的,以 200 m³ 或 300 t 为一验收批。当石子质量比较稳定、进料量较大时,可以 1 000 t 为一验收批。不足上述量者也按一验收批进行取样验收。

(2) 在料堆上取样时,取样部位应均匀分布。取样前先将取样部位表层铲除,然后从不同部位随机抽取大致等质量的石子 15 份(在料堆的顶部、中部和底部均匀分布的 15 个不同部位取得),组成一组样品。

（3）从皮带运输机上取样时，应用接料器在皮带运输机机头的出料处用与皮带等宽的容器全断面定时随机抽取大致等质量的石子 8 份，组成一组样品。

（4）从火车、汽车、货船上取样时，从不同部位和深度抽取大致等质量的石子 16 份，组成一组样品。

（5）常规的石子单项实验最少取样质量应符合表 1-1-2 的规定。当需做多项实验时，如确能保证试样经一项实验后不致影响另一项实验的结果，可用同一试样进行多项不同的实验。

表 1-1-2　常规的石子单项实验取样数量　　　　　　　　　（单位：kg）

实验项目	最大粒径/mm							
	9.5	16.0	19.0	26.5	31.5	37.5	63.0	75.0
颗粒级配	9.5	16.0	19.0	26.5	31.5	37.5	63.0	80.0
表观密度	8.0	8.0	8.0	8.0	12.0	16.0	24.0	24.0
堆积密度与空隙率	40.0	40.0	40.0	40.0	80.0	80.0	120.0	120.0
含泥量	8.0	8.0	24.0	24.0	40.0	40.0	80.0	80.0

（6）将所取样品置于平板上，在自然状态下拌和均匀，并堆成堆体，然后沿互相垂直的两条直径把堆体分成大致相等的 4 份，取其中对角线的两份重新拌匀，再堆成堆体。重复上述过程，直至把样品缩分到实验所需量为止。

（7）堆积密度实验所用试样可不经缩分，在拌匀后直接进行实验。实验室的温度应保持在（20±5）℃。

实验 1-3　砂的表观密度实验

一、主要仪器设备

（1）鼓风干燥箱：能使温度控制在（105±5）℃。

（2）天平：量程不小于 1 000 g，分度值 0.1 g。

（3）容量瓶：500 mL。

（4）其他仪器设备：干燥器、搪瓷盘、滴管、毛刷、温度计等。

二、实验步骤

（1）将缩分至 660 g 左右的试样，在温度为（105±5）℃的烘箱中烘干至恒量，待冷却至室温后，分成大致相等的两份备用。

（2）称取烘干试样 $m_0 = 300$ g（G_0），精确至 1 g。将试样装入容量瓶，注入冷开水至接近 500 mL 刻度处，用手摇动容量瓶，使砂样充分摇动，排出气泡，塞紧瓶盖，静置 24 h。用滴管小心加水至容量瓶 500 mL 刻度处，塞紧瓶塞，擦干瓶外水分，称出其质量 G_1，精确至 1 g。

（3）倒出瓶内水和试样，洗净容量瓶，再向瓶内注入水温相差不超过 2℃的冷开水至 500 mL 刻度处。塞紧瓶塞，擦干瓶外水分，称出其质量 G_2，精确至 1 g。

三、结果计算

表观密度按式(1-1-2)计算(精确至 10 kg/m³)：

$$\rho_0 = \left(\frac{G_0}{G_0 + G_2 - G_1} - \alpha_t \right) \times \rho_{水} \tag{1-1-2}$$

式中　ρ_0——砂表观密度，kg/m³；

　　　$\rho_{水}$——水的密度，1 000 kg/m³；

　　　α_t——水温对表观密度影响的修正系数，见表 1-1-3。

表 1-1-3　不同水温对砂的表观密度影响的修正系数

水温/℃	15	16	17	18	19	20	21	22	23	24	25
α_t	0.002	0.003	0.003	0.004	0.004	0.005	0.005	0.005	0.005	0.005	0.005

表观密度取两次实验结果的算术平均值，精确至 10 kg/m³。如果两次实验结果之差大于 20 kg/m³，应重新取样。

四、结果判定

砂的表观密度应符合不小于 2 500 kg/m³ 的规定。

实验 1-4　砂的堆积密度和空隙率实验

堆积密度分为松散堆积密度和紧密堆积密度，通常松散堆积密度简称堆积密度，紧密堆积密度简称紧密密度。相应的空隙率也分为松散堆积空隙率和紧密堆积空隙率。

一、主要仪器设备

（1）鼓风干燥箱：能使温度控制在(105±5)℃。

（2）天平：量程不小于 1 000 g，分度值 0.1 g。

（3）容量瓶：圆柱形金属筒，内径 108 mm，净高 109 mm，壁厚 2 mm，筒底厚约 5 mm，容积 1 L。

（4）方孔筛：孔径为 4.75 mm 的方孔筛 1 个。

（5）垫棒：直径 10 mm，长 500 mm 的圆钢。

（6）其他仪器设备：直尺、漏斗或料勺、搪瓷盘、毛刷等。

二、实验步骤

（1）按规定取样，用搪瓷盘装取试样约 3 L，放在干燥箱中于(105±5)℃下烘干至恒量，待冷却至室温后,筛除大于 4.75 mm 的颗粒,分为大致相等的两份备用。

(2)松散堆积密度:取试样一份,用漏斗或料勺将试样从容量筒中心上方 50 mm 处徐徐倒入,让试样以自由落体下落,当容量筒上部试样呈锥体,且容量筒四周溢满时,即停止加料。拿开漏斗,然后用直尺沿筒口中心线向两边刮平(实验过程应防止触动容量筒),称出试样和容量筒总质量 G_1,精确至 1 g。

(3)紧密堆积密度:取试样一份分两次装入容量筒。装完第一层后(约计稍高于 1/2),在筒底垫放一根直径 10 mm 的圆钢,将筒按住,左右交替颠击地面各 25 次。然后装入第二层,第二层装满后用同样方法颠实(但筒底所垫钢筋的方向与第一层时的方向垂直)后,再加试样直至超过筒口,然后用直尺沿筒口中心线向两边刮平,称出试样和容量筒总质量 G_1,精确至 1 g。

三、结果计算

(1)松散或紧密堆积密度按式(1-1-3)计算(精确至 10 kg/m³):

$$\rho_1 = \frac{G_1 - G_0}{V} \qquad (1-1-3)$$

式中　ρ_1——砂堆积密度,kg/m³;

　　　G_1——试样和容量筒总质量,g;

　　　G_0——容量筒质量,g;

　　　V——容量筒容积,L。

堆积密度取两次实验结果的算术平均值。

(2)空隙率按式(1-1-4)计算(精确至 1%):

$$V_0 = \left(1 - \frac{\rho_1}{\rho_0}\right) \times 100\% \qquad (1-1-4)$$

式中　V_0——空隙率,%;

　　　ρ_1——砂的堆积密度,kg/m³;

　　　ρ_0——砂的表观密度,kg/m³。

空隙率取两次实验结果的算术平均值。

四、容量筒的校准方法

将温度为(20±2)℃的饮用水装满容量筒,用一玻璃板沿筒口推移,使其紧贴水面。擦干筒外壁水分,然后称出其质量 G_1,精确至 1 g。容量筒容积(V)按式(1-1-5)计算(精确至 1 mL):

$$V = G_1 - G_0 \qquad (1-1-5)$$

式中　V——容量筒容积,mL;

　　　G_1——带玻璃板的装满水的容量筒的质量,g;

　　　G_0——容量筒和玻璃板质量,g。

五、结果判定

砂的松散堆积密度应符合不小于 1 400 kg/m³ 的规定,砂的空隙率应符合不大于 44% 的规定。

实验 1-5　碎石或卵石的表观密度实验(广口瓶法)

本方法不宜用于测定最大粒径大于 37.5 mm 的碎石或卵石的表观密度。实验时各项称量可在 15～25℃ 范围内进行,但从试样加水静止的 2 h 起至实验结束,其温度变化不应超过 ±2℃。

一、主要仪器设备

(1) 鼓风干燥箱:能使温度控制在(105±5)℃。
(2) 天平:量程不小于 2 kg,分度值 1 g。
(3) 广口瓶:1 000 mL,磨口。
(4) 方孔筛:孔径为 4.75 mm 的方孔筛 1 个。
(5) 其他仪器设备:玻璃片(尺寸约 100 mm×100 mm)、温度计、搪瓷盘、毛巾等。

二、实验步骤

(1) 按规定取样,并缩分至略大于表 1-1-4 规定的数量,风干后筛除粒径小于 4.75 mm 的颗粒,然后洗刷干净,分为大致相等的两份备用。

表 1-1-4　表观密度实验所需试样质量

最大粒径/mm	26.5	31.5	37.5	63.0	75.0
最少试样质量/kg	2.0	3.0	4.0	6.0	6.0

(2) 将试样浸水饱和,然后装入广口瓶中。装试样时,广口瓶应倾斜放置,注入饮用水,用玻璃片覆盖瓶口。以上下左右摇晃的方法排除气泡。

(3) 气泡排尽后,向瓶中添加饮用水,直至水面凸出瓶口边缘。然后用玻璃片沿瓶口迅速滑行,使其紧贴瓶口水面。擦干瓶外水分后,称出试样、水、瓶和玻璃片总质量 G_1,精确至 1 g。

(4) 将瓶中试样倒入浅盘,放在干燥箱中于(105±5)℃下烘干至恒量,待冷却至室温后,称出其质量 G_0,精确至 1 g。

(5) 将瓶洗净并重新注入饮用水,用玻璃片紧贴瓶口水面,擦干瓶外水分后,称出水、瓶和玻璃片总质量 G_2,精确至 1 g。

三、结果计算

石子表观密度按式(1-1-6)计算(精确至 10 kg/m³):

$$\rho_0 = \left(\frac{G_0}{G_0 + G_2 - G_1} - \alpha_t \right) \times \rho_{水} \tag{1-1-6}$$

式中　ρ_0——石子表观密度,kg/m³;

　　　$\rho_{水}$——水的密度,1 000 kg/m³;

　　　α_t——水温对表观密度影响的修正系数,见表 1-1-5。

表 1-1-5　不同水温对碎石或卵石的表观密度影响的修正系数

水温/℃	15	16	17	18	19	20	21	22	23	24	25
α_t	0.002	0.003	0.003	0.004	0.004	0.005	0.005	0.005	0.005	0.005	0.005

表观密度取两次实验结果的算术平均值,如两次实验结果之差大于 20 kg/m³,应重新实验。对颗粒材质不均匀的试样,如两次实验结果之差超过 20 kg/m³,可取 4 次实验结果的算术平均值。

四、结果判定

碎石或卵石表观密度应符合不小于 2 600 kg/m³ 的规定。

实验 1-6　碎石或卵石的堆积密度和空隙率实验

堆积密度分为松散堆积密度和紧密堆积密度,通常松散堆积密度简称堆积密度,紧密堆积密度简称紧密密度。相应的空隙率也分为松散堆积空隙率和紧密堆积空隙率。

一、主要仪器设备

(1)天平:量程不小于 10 kg,分度值不大于 10 g。

(2)磅秤:量程不小于 50 kg 或 100 kg,分度值不大于 50 g。

(3)容量筒:容量筒规格见表 1-1-6。

(4)垫棒:直径 16 mm,长 600 mm 的圆钢。

(5)其他仪器设备:直尺、小铲等。

表 1-1-6　容量筒规格要求

最大粒径/mm	容量筒容积/L	容量筒规格		
		内径/mm	净高/mm	壁厚/mm
9.5, 16.0, 19.0, 26.5	10	208	294	2
31.5, 37.5	20	294	294	3
53.0, 63.0, 75.0	30	360	294	4

二、实验步骤

（1）按规定取样，烘干或风干后，拌匀并把试样分为大致相等的两份备用。

（2）松散堆积密度：取试样一份，用小铲将试样从容量筒口中心上方 50 mm 处徐徐倒入，让试样以自由落体落下，当容量筒上部试样呈锥体，且容量筒四周溢满时，即停止加料。除去凸出容量口表面的颗粒，并以合适的颗粒填入凹陷部分，使表面稍凸起部分和凹陷部分的体积大致相等（实验过程应防止触动容量筒），称出试样和容量筒总质量 G_1，精确至 10 g。

（3）紧密堆积密度：取试样一份分三次装入容量筒。装完第一层后，在筒底垫放一根直径为 16 mm 的圆钢，将筒按住，左右交替颠击地面各 25 次，再装入第二层，第二层装满后用同样方法颠实（但筒底所垫钢筋的方向与第一层时的方向垂直），然后装入第三层，用上面方法颠实。试样装填完毕，再加试样直至超过筒口，用直尺沿筒口边缘刮去高出的试样，并用适合的颗粒填平凹处，使表面稍凸起部分与凹陷部分的体积大致相等，称取试样和容量筒的总质量 G_1，精确至 10 g。

三、结果计算

松散堆积密度或紧密堆积密度按式（1-1-7）计算，精确至 10 kg/m³：

$$\rho_1 = \frac{G_1 - G_2}{V} \tag{1-1-7}$$

式中　ρ_1——松散堆积密度或紧密堆积密度，kg/m³；

　　　G_1——容量筒和试样总质量，g；

　　　G_2——容量筒质量，g；

　　　V——容量筒的容积，L。

空隙率按式（1-1-8）计算，精确至 1%：

$$V_0 = \left(1 - \frac{\rho_1}{\rho_0}\right) \times 100\% \tag{1-1-8}$$

式中　V_0——空隙率，%；

　　　ρ_1——按式（1-1-7）计算的试样的松散（或紧密）堆积密度，kg/m³；

　　　ρ_0——按式（1-1-6）计算的试样表观密度，kg/m³。

堆积密度取两次实验结果的算术平均值，精确至 10 kg/m³。空隙率取两次实验结果的算术平均值，精确至 1%。

四、容量筒的校准方法

将温度为（20±2）℃的饮用水装满容量筒，用一玻璃板沿筒口推移，使其紧贴水面，擦干筒外壁水分，然后称出其质量 G_1，精确至 1 g。容量筒容积（V）按式（1-1-9）计算（精确至 1 mL）：

$$V = G_1 - G_0 \tag{1-1-9}$$

式中　V——容量筒容积,mL；

　　　G_1——带玻璃板的装满水的容量筒的质量,g；

　　　G_0——容量筒和玻璃板质量,g。

五、结果判定

连续级配松散堆积空隙率应符合表 1-1-7 的规定。

表 1-1-7　连续级配松散堆积空隙率

类别	Ⅰ	Ⅱ	Ⅲ
空隙率/%	≤ 43	≤ 45	≤ 47

实验 1-7　砂的含泥量实验

一、适用范围

适用于测定粗砂、中砂和细砂的含泥量,不适用于特细砂的含泥量测定。

二、主要仪器设备

(1) 鼓风干燥箱：能使温度控制在(105±5)℃。

(2) 天平：量程不小于 1 000 g,分度值 0.1 g。

(3) 方孔筛：孔径为 75 μm 及 1.18 mm 的方孔筛各 1 个。

(4) 淘洗容器：要求淘洗试样时,保持试样不溅出(深度大于 250 mm)。

(5) 其他仪器设备：搪瓷盘、毛刷等。

三、实验步骤

(1) 按规定取样,并将试样缩分至约 1 100 g,放在烘箱中于(105±5)℃下烘干至恒量,待冷却至室温后,分为大致相等的两份备用。

(2) 称取试样 500 g,精确至 0.1 g。将试样倒入淘洗容器中,注入清水,使水面高出试样面约 150 mm,充分搅拌均匀后,浸泡 2 h,然后用手在水中淘洗试样,使尘屑、淤泥和黏土与砂粒分离,把浑水缓缓倒入 1.18 mm 及 75 μm 的套筛上,滤去小于 75 μm 的颗粒。实验前筛子的两面应先用水润湿,在整个过程中应小心防止砂粒流失。

(3) 向容器中注入清水,重复上述操作,直至容器内的水目测清澈为止。

(4) 用水淋洗剩余在筛上的细粒,并将 75 μm 筛放在水中(使水面略高出筛中砂粒的上表面)来回摇动,以充分洗掉粒径小于 75 μm 的颗粒,然后将两只筛的筛余颗粒和清洗容器中已经洗净的试样一并倒入搪瓷盘,放在烘箱中于(105±5)℃下烘干至恒量,待冷却至室温后,称量其质量 G_1,精确至 0.1 g。

四、结果计算

含泥量按式(1-1-10)计算,精确至 0.1%:

$$Q_a = \frac{G_0 - G_1}{G_0} \times 100\%\tag{1-1-10}$$

式中 Q_a ——含泥量,%;

　　G_0 ——实验前烘干试样的质量,g;

　　G_1 ——实验后烘干试样的质量,g。

含泥量取两个试样实验结果的算术平均值作为测定值,采用修约值比较法进行评定。

五、结果判定

天然砂中含泥量应符合表 1-1-8 的规定。

表 1-1-8　天然砂中含泥量

类别	Ⅰ	Ⅱ	Ⅲ
含泥量(按质量计)/%	≤1.0	≤3.0	≤5.0

实验 1-8　石子的含泥量实验

一、主要仪器设备

(1) 鼓风干燥箱:能使温度控制在(105±5)℃。

(2) 天平:量程不小于 10 kg,分度值 1 g。

(3) 方孔筛:孔径为 75 μm 及 1.18 mm 的筛各 1 个。

(4) 淘洗容器:要求淘洗试样时,保持试样不溅出。

(5) 其他仪器设备:搪瓷盘、毛刷等。

二、实验步骤

(1) 按规定取样,并将试样缩分至略大于表 1-1-9 规定的 2 倍数量,放在干燥箱中于 (105±5)℃下烘干至恒量,待冷却至室温后,分为大致相等的两份备用。

表 1-1-9　含泥量实验所需试样数量

最大粒径/mm	9.5	16.0	16.0	26.5	31.5	37.5	63.0	75.0
最少试样质量/kg	2.0	2.0	6.0	6.0	10.0	10.0	20.0	20.0

(2) 根据试样的最大粒径,称取按表 1-1-9 规定数量的试样一份,精确到 1 g。将试样

倒入淘洗容器中,注入清水,使水面高出试样上表面 150 mm,充分搅拌均匀后,浸泡 2 h,然后用手在水中淘洗试样,使尘屑、淤泥和黏土与砂粒分离,把浑水缓缓倒入 1.18 mm 及 75 μm 的套筛上(1.18 mm 筛放在 75 μm 筛上面),滤去粒径小于 75 μm 的颗粒。实验前筛子的两面应先用水润湿,在整个过程中应小心防止粒径大于 75 μm 颗粒流失。

(3) 向容器中注入清水,重复上述操作,直至容器内的水目测清澈为止。

(4) 用水淋洗剩余在筛上的细粒,并将 75 μm 筛放在水中(使水面略高出筛中石子颗粒的上表面)来回摇动,以充分洗掉粒径小于 75 μm 的颗粒,然后将两只筛的筛余颗粒和清洗容器中已经洗净的试样一并倒入搪瓷盘,放在干燥箱中于(105±5)℃下烘干至恒量,待冷却至室温后,称出其质量,精确至 1 g。

三、结果计算

含泥量按式(1-1-11)计算,精确至 0.1%:

$$Q_a = \frac{G_0 - G_1}{G_0} \times 100\% \qquad (1\text{-}1\text{-}11)$$

式中　Q_a——含泥量,%;

　　G_0——实验前烘干试样的质量,g;

　　G_1——实验后烘干试样的质量,g。

含泥量取两个试样实验结果的算术平均值作为测定值,采用修约值比较法进行评定。

四、结果判定

碎石或卵石的含泥量应符合表 1-1-10 的规定。

表 1-1-10　碎石或卵石的含泥量

类别	Ⅰ	Ⅱ	Ⅲ
含泥量(按质量计)/%	≤0.5	≤1.0	≤1.5

实验 1-9　砂的含水率实验

一、主要仪器设备

(1) 鼓风干燥箱:能使温度控制在(105±5)℃。

(2) 天平:量程不小于 1 000 g,分度值 0.1 g。

(3) 吹风机:手提式。

(4) 其他仪器设备:干燥器、吸管、搪瓷盘、小勺、毛刷等。

二、实验步骤

(1) 将自然潮湿状态下的试样用四分法缩分至约 1 100 g,拌匀后分为大致相等的两份备用。

(2) 称取一份试样的质量 G_1，精确至 0.1 g。将试样倒入已知质量的浅盘中，放在干燥箱中于 $(105\pm5)℃$ 下烘至恒量。待冷却至室温后，再称出其质量 G_2，精确至 0.1 g。

三、结果计算

含水率按式(1-1-12)计算，精确至 0.1%：

$$Z = \frac{G_1 - G_2}{G_2} \times 100\%$$ (1-1-12)

式中　Z——含水率，%；

　　　G_1——烘干前的试样质量，g；

　　　G_2——烘干后的试样质量，g。

含水率以两次实验结果的算术平均值作为测定值，精确至 0.1%；两次实验结果之差大于 0.2% 时，应重新实验。

实验 1-10　石子的含水率实验

一、主要仪器设备

(1) 鼓风干燥箱：能使温度控制在 $(105\pm5)℃$。

(2) 天平：量程不小于 1 000 g，分度值 0.1 g。

(3) 其他仪器设备：小铲、搪瓷盘、小勺、毛刷等。

二、实验步骤

(1) 按规定将试样缩分至约 4 kg，拌匀后分为大致相等的两份备用。

(2) 称取一份试样的质量 G_1，精确至 0.1 g。将试样倒入已知质量的浅盘中，放在干燥箱中于 $(105\pm5)℃$ 下烘至恒量。待冷却至室温后，再称出其质量 G_2，精确至 0.1 g。

三、结果计算

含水率按式(1-1-13)计算，精确至 0.1%：

$$Z = \frac{G_1 - G_2}{G_2} \times 100\%$$ (1-1-13)

式中　Z——含水率，%；

　　　G_1——烘干前的试样质量，g；

　　　G_2——烘干后的试样质量，g。

含水率以两次实验结果的算术平均值作为测定值，精确至 0.1%。

实验 2

水泥性质实验

一、实验依据

本实验依据《通用硅酸盐水泥》(GB 175—2007)、《水泥取样方法》(GB/T 12573—2008)、《水泥细度检验方法　筛析法》(GB/T 1345—2005)和《水泥标准稠度用水量、凝结时间、安定性检验方法》(GB/T 1346—2011)。

二、实验取样及准备

(1) 取样方法,以同一水泥厂、同品种、同强度等级、同期到达的水泥进行取样和编号。袋装水泥以不超过 200 t、散装水泥以不超过 500 t 为一个取样批次,每批抽样不少于一次。取样应具有代表性,可连续取,也可在 20 个以上不同部位抽取等量的样品,总量不少于 12 kg。

(2) 取的水泥试样应充分拌匀并通过 0.9 mm 的方孔筛,均分成实验样和封存样,封存样密封保存 3 个月。

(3) 实验用水必须是洁净的饮用水,有争议时应以蒸馏水为准。

(4) 实验室温度应为(20±2)℃,相对湿度应不低于 50%;湿气养护箱温度为(20±1)℃,相对湿度应不低于 90%。

(5) 水泥试样、标准砂、拌和水及仪器用具的温度应与实验室温度相同。

实验 2-1　水泥细度实验

水泥细度就是水泥的分散度,是水泥厂用来作日常检查和控制水泥质量的重要参数。水泥细度的检验方法有筛析法、比表面积测定法、颗粒平均直径与颗粒组成的测定等方法。筛析法是最常用的控制水泥或类似粉体细度的方法之一。筛析法包括水筛法、负压筛析法和手工筛析法三种,当三种方法测定的结果发生争议时,以负压筛析法为准。

一、适用范围

此方法适用于测定硅酸盐水泥、普通硅酸盐水泥、矿渣硅酸盐水泥、火山灰质硅酸盐水泥、粉煤灰硅酸盐水泥、复合硅酸盐水泥的细度,也适用于测定采用本方法的其他品种水泥和粉状物料的细度。

二、实验目的

了解水泥细度检验方法的国家标准,掌握测定硅酸盐水泥经过标准筛进行筛分后的筛余量的方法。

三、实验原理

采用 45 μm 方孔筛和 80 μm 方孔筛对水泥试样进行筛析实验,用筛上筛余物的质量百分数来表示水泥样品的细度。

为保持筛孔的标准度,在用实验筛应用已知筛余的标准样品来标定。

四、主要仪器设备及材料

(1)实验筛:实验筛由圆形筛框和筛网组成,分负压筛、水筛和手工筛三种。负压筛筛框高度为 25 mm,筛子的直径为 150 mm,应附有透明筛盖,筛盖与筛上口应有良好的密封性。水筛筛框高度为 80 mm,筛子的直径为 125 mm。手工筛筛框高度为 50 mm,筛子的直径为 150 mm。筛网用方孔边长 45 μm 或 80 μm 的铜丝筛布制成,筛网应紧绷在筛框上,筛网和筛框接触处,应用防水胶密封,防止水泥嵌入。

(2)负压筛析仪:负压筛析仪由筛座、负压筛、负压源及收尘器组成,如图 1-2-1 所示。其中筛座由转速为(30±2)r/min 的喷嘴、真空负压表、面板、微电机及壳体构成,筛析仪负压可调范围为 4 000～6 000 Pa,喷气嘴上口平面与筛网之间距离为 2～8 mm,负压源和收尘筒由功率 600 W 的工业吸尘器和小型旋风收尘筒组成或用其他具有相当功能的设备。

(3)筛座:用于支承筛子,并能带动筛子转动,转速为 50 r/min。

(4)喷头:直径 55 mm,面上均匀分布 90 个孔,孔径 0.5～0.7 mm。

(5)安装高度:喷头底面和筛网之间距离为 35～75 mm。

(6)天平:最小分度值不大于 0.01 g。

(7)材料:硅酸盐水泥样品或其他水泥样品。

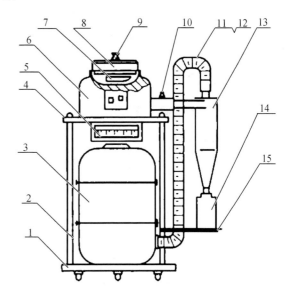

图 1-2-1 负压筛析仪

1—筛座;2—立柱;3—吸尘器;4—面板;5—真空负压表;
6—筛析仪;7—喷嘴;8—试验筛;9—筛盖;10—气压接头;
11—吸尘软管;12—气压调节阀;13—收尘筒;
14—收集容器;15—托座

五、实验步骤

实验前所用实验筛应保持清洁,负压筛和手工筛应保持干燥。实验时,80 μm 筛析实验称取试样 25 g,45 μm 筛析实验称取试样 10 g。

1. 负压筛析法

(1) 筛析实验前应把负压筛放在筛座上,盖上筛盖,接通电源,检查控制系统,调节负压至 4 000～6 000 Pa 范围内。

(2) 称取试样精确至 0.01 g,置于洁净的负压筛中,放在筛座上,盖上筛盖,接通电源,开动筛析仪连续筛析 2 min,在此期间如有试样附着在筛盖上,可轻轻地敲击筛盖使试样落下。

(3) 用天平称量全部筛余物,精确至 0.01 g。

2. 水筛法

(1) 筛析实验前,应检查水中无泥、砂,调整好水压(0.05±0.02)MPa 及水筛架的位置,使其能正常运转,并控制喷头底面和筛网之间距离为 35～75 mm。

(2) 称取试样精确至 0.01 g,置于洁净的水筛中,立即用淡水冲洗至大部分细粉通过后,放在水筛架上,用喷头连续冲洗 3 min。

(3) 用少量水把筛余物冲至蒸发皿中,等水泥颗粒全部沉淀后,小心倒出清水,烘干并用天平称量全部筛余物,精确至 0.01 g。

3. 手工筛析法

(1) 称取水泥试样精确至 0.01 g,倒入手工筛内。

(2) 用一只手持筛往复摇动,另一只手轻轻拍打,往复摇动和拍打过程应保持近于水平。拍打速度约 120 次/min,每 40 次向同一方向转动 60°,使试样均匀分布在筛网上,直至每分钟通过的试样量不超过 0.03 g 为止。

(3) 用天平称量全部筛余物,精确至 0.01 g。

六、实验结果计算及处理

(1) 计算

水泥试样筛余百分数按式(1-2-1)计算(精确至 0.1%):

$$F = \frac{R_t}{W} \times 100\% \tag{1-2-1}$$

式中　F——水泥试样筛余百分数,%;

　　　R_t——水泥筛余物的质量,g;

　　　W——水泥试样的质量,g。

每个样品应称取两个试样分别筛析,取筛余平均值为筛析结果。若两次筛余结果绝对误差大于 0.5%时(筛余值大于 5.0%时可放至 1.0%)应再做一次实验,取两次相近结果的算术平均值,作为最终结果。

(2) 筛余结果的修正

修正方法是将水泥试样筛余百分数乘以实验筛有效修正系数 C。有效修正系数 C 按式(1-2-2)计算:

$$C = \frac{F_s}{F_t} \tag{1-2-2}$$

式中 C——实验筛修正系数,精确到 0.01;

　F_s——标准样品的筛余标准值,单位为质量百分数,%;

　F_t——标准样品在实验筛上的筛余值,单位为质量百分数,%。

当 C 值在 $0.80\sim1.20$ 范围内时,实验筛可继续使用,C 可作为结果修正系数;当 C 值不在 $0.80\sim1.20$ 范围时,实验筛应予淘汰。

七、结果判定

矿渣硅酸盐水泥、火山灰质硅酸盐水泥、粉煤灰硅酸盐水泥和复合硅酸盐水泥细度以筛余来判定,$80~\mu m$ 方孔筛筛余不大于 10% 或 $45~\mu m$ 方孔筛筛余不大于 30%。

实验 2-2 水泥标准稠度用水量测定实验

一、实验目的

水泥的凝结时间和安定性测定等都与它们的用水量有关。为了便于检验,必须人为规定一个标准稠度,统一用标准稠度的水泥净浆进行检验。该实验的主要目的就是为凝结时间和安定性实验提供标准稠度的水泥净浆,也可用来检验水泥的需水性。

二、实验原理

通过不同含水量水泥净浆的穿透性实验,以确定水泥标准稠度净浆中所需加入的水量。水泥标准稠度用水量的测定有调整水量法和固定水量法两种方法,如有争议时以调整水量法为准。

1. 调整水量法

调整水量法通过改变拌和水量,找出使拌制成的水泥净浆达到特定塑性状态所需要的水量。当一定质量的标准试锥在水泥净浆中自由降落时,净浆的稠度越大,试锥下沉的深度(S)越小。当试锥下沉深度达到固定值[$S=(30\pm1)mm$]时,净浆的稠度即为标准稠度,此时 $500~g$ 水泥的用水量即为标准稠度用水量(P)。

2. 固定水量法

当不同需水量的水泥用固定水灰比的水量调制净浆时,所得的净浆稠度必然不同,试锥在净浆中下沉的深度也会不同。根据净浆标准稠度用水量与固定水灰比时试锥在净浆中下沉深度的相互关系统计公式,用试锥下沉深度(S)算出水泥标准稠度用水量。也可在水泥净浆标准稠度仪上直接读出标准稠度用水量(P)。

三、主要仪器设备

(1)水泥净浆搅拌机:主要由搅拌叶片、搅拌锅、传动机构和控制系统组成,如图 1-2-2 所示。搅拌叶片在搅拌锅内做旋转方向相反的公转和自转,并可在数值方向调节。搅拌锅可以升降,传动机构保证搅拌叶片按规定的方向和速度运转,控制系统具有按程序自动控制与手动控制两种功能。搅拌机拌和一次的自动控制程序:慢速(120±3)s,停(15±1)s,快速(120±3)s。

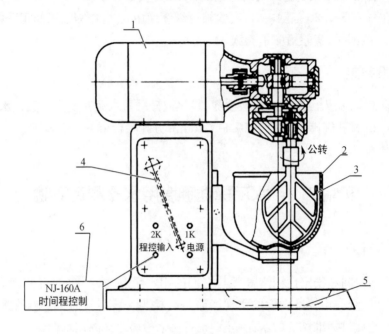

图 1-2-2　水泥净浆搅拌机

1—电机;2—搅拌锅;3—搅拌叶片;4—手柄;5—底座;6—控制器

(2) 水泥净浆标准稠度与凝结时间测定仪:也叫维卡仪,主要由试杆(试锥)和盛装水泥净浆的截顶圆锥体试模两部分组成,如图 1-2-3 所示。标准法用试杆,其有效长度为$(50±1)$mm,由直径为$\phi(10±0.05)$mm 的圆柱形耐腐蚀金属制成。测定凝结时间时取下试杆,用试针代替试杆。试针由钢制成,其有效长度初凝针为$(50±1)$mm,终凝针为$(30±1)$mm,直径为$\phi(1.13±0.05)$mm 的圆柱体。滑动部分的总质量为$(300±1)$g。与试杆、试针连接的滑动杆应表面光滑,能靠重力自由下落,不得有紧涩和旷动现象。盛装水泥净浆的试模应由耐腐蚀的、有足够硬度的金属制成。试模为深$(40±0.2)$mm、顶内径$\phi(65±0.5)$mm、底内径$\phi(75±0.5)$mm 的截顶圆锥体。每个试模应配备 1 个边长或直径约为 100 mm,厚度 4~5 mm 的平板玻璃底板或金属底板;代用法使用试锥(高度 50 mm)和锥模(高度 75 mm)。

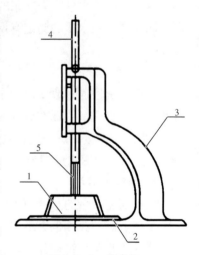

图 1-2-3　维卡仪

1—试件;2—玻璃板;3—支架;
4—滑动杆;5—试杆

(3) 量水器:最小刻度 0.1 mL,精度±0.05 mL。

(4) 天平:最大称量不小于 1 000 g,分度值不大于 1 g。

四、实验步骤

实验方法分标准法和代用法,其中代用法又分为固定用水量法和调整用水量法。

1. 标准法

(1) 调整维卡仪并检查水泥净浆搅拌机。使得维卡仪上的滑动杆能自由滑动,并调整至试杆接触玻璃板时指针对准零点。搅拌机运行正常。试模和玻璃底板用湿布擦拭,将试模放在底板上。

(2) 水泥净浆的拌制。

① 水泥净浆搅拌机搅拌前,用湿布将搅拌锅和搅拌叶片擦湿。

② 称取水泥试样 500 g,拌和水量按经验确定并用量筒量好。

③ 将拌和水倒入搅拌锅内,然后在 5～10 s 内将水泥试样加入水中,防止水和水泥溅出。拌和时,先将锅放在搅拌机的锅座上,升至搅拌位置,启动全自动搅拌机启动按钮,先低速搅拌 120 s,停 15 s,同时将叶片和锅壁上的水泥浆刮入锅中,接着高速搅拌 120 s 停机。

(3) 标准稠度用水量的测定。

① 拌和结束后,立即取适量拌制好的水泥净浆一次性将其装入已置于玻璃底板上的试模中,浆体超过试模上端。用宽约 25 mm 的直边刀轻轻拍打超出试模部分的浆体 5 次,以排除浆体中的孔隙,然后在试模上表面 1/3 处,略倾斜于试模分别向外轻轻锯掉多余净浆,再从试模边缘轻抹顶部一次,使净浆表面光滑,在锯掉多余净浆和抹平的操作中,注意不要压实净浆。

② 抹平后迅速将试模和底板移到维卡仪上,并将其中心定在试杆下,降低试杆直至与水泥净浆表面接触,拧紧螺丝 1～2 s 后,突然放松,使试杆垂直自由地沉入水泥净浆中。

③ 在试杆停止沉入或释放杆 30 s 时记录试杆距底板之间的距离,升起试杆后,立即擦净;整个操作应在搅拌后 1.5 min 内完成。以试杆沉入净浆并距底板(6±1)mm 的水泥净浆为标准稠度净浆。其拌和水量为该水泥的标准稠度用水量(P),按水泥质量的百分比计。

2. 代用法

(1) 调整维卡仪并检查水泥净浆搅拌机。同标准法。

(2) 水泥净浆的拌制。同标准法。

采用代用法测定水泥标准稠度用水量可用调整水量法和固定水量法两种方法中的任意一种测定。采用调整水量法时,拌和水量按经验找水,采用固定水量法时,拌合水量为142.5 mL。

(3) 标准稠度用水量的测定。

① 拌和结束后,立即将拌制好的水泥净浆装入锥模中,用宽约 25 mm 的直边刀在浆体表面轻轻插捣 5 次,再轻振 5 次,刮去多余的净浆。

② 抹平后迅速放到试锥下面固定的位置上,将试锥降至净浆表面,拧紧螺丝 1～2 s 后,突然放松,让试锥垂直自由地沉入水泥净浆中。

③ 试锥停止下沉或释放试锥 30 s 时记录试锥下沉深度。整个操作应在搅拌后 1.5 min 内完成。

五、结果计算

（1）标准法结果计算。

试杆沉入净浆与底板距(6±1)mm 的水泥净浆为标准稠度净浆。水泥标准稠度用水量 P，按水泥质量的百分比计，按式(1-2-3)计算。

$$P = \frac{W}{500} \times 100\% \qquad (1-2-3)$$

式中　P——标准稠度用水量，%；

　　　W——拌和用水量，mL。

（2）代用法——调整用水量法结果计算。

以试锥下沉的深度为(30±1)mm 时的净浆为标准稠度净浆。其拌和水量为该水泥的标准稠度用水量 P，以水泥质量的百分比计。如下沉深度超出范围，需另称试样，调整水量，重新实验，直至达到(30±1)mm 时为止。

（3）代用法——固定用水量法结果计算。

根据测得试锥下沉的深度(S)按式(1-2-4)(或仪器上对应标尺)计算得到标准稠度用水量 P(%)：

$$P = 33.4 - 0.185S \qquad (1-2-4)$$

式中　P——标准稠度用水量，%；

　　　S——试锥下沉的深度，mm。

当试锥下沉深度小于 13 mm 时，应用调整用水量法。

实验 2-3　水泥净浆凝结时间测定实验

一、实验目的

水泥加水拌和后形成水泥浆，水泥浆会逐渐失去可塑性而具有强度。从水泥加水起到开始失去可塑性的时间，称为初凝时间；从水泥加水起到完全失去可塑性并具有强度的时间，称为终凝时间。凝结时间快慢直接影响到混凝土的浇筑和施工进度。测定水泥达到初凝和终凝所需的时间可以评定水泥的质量和可施工性，为现场施工提供参数。

二、实验原理

水泥凝结时间用水泥净浆标准稠度与凝结时间测定仪测定。当试针在不同凝结程度的净浆中自由沉落时，试针下沉的深度随凝结程度的提高而减少。根据试针下沉的深度就可判断水泥的初凝和终凝状态,从而确定初凝时间和终凝时间。

三、主要仪器设备

(1) 水泥净浆搅拌机。

(2) 水泥净浆标准稠度与凝结时间测定仪,也叫维卡仪,如图 1-2-3、图 1-2-4 所示。

(3) 湿气养护箱。

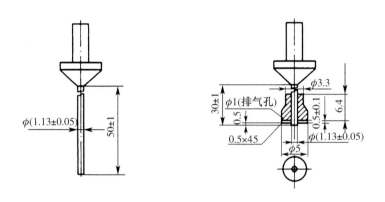

图 1-2-4　凝结时间试验用试针(单位:mm)

四、实验步骤

(1) 测定前的准备工作:调整凝结时间测定仪的试针接触玻璃板时,指针对准零点。

(2) 试件的制备:以标准稠度用水量制成标准稠度净浆,按标准稠度用水量的测定方法进行装模和刮平后,立即放入湿气养护箱中。记录水泥全部加入水中的时间作为凝结时间的起始时间。

(3) 初凝时间的测定:试样在湿气养护箱中养护至加水后 30 min 时进行第一次测定。测定时,从湿气养护箱中取出试模放到试针下,降低试针与水泥净浆表面接触,拧紧螺丝 1~2 s 后突然放松,试针垂直自由沉入水泥净浆。观察试针停止下沉或释放试针 30 s 时指针的读数。临近初凝时间时每隔 5 min(或更短时间)测定一次,当试针沉至距底板(4±1)mm 时,即为水泥达到初凝状态。

(4) 终凝时间测定:为了准确观测试针沉入的状况,在终凝针上安装了一个环形附件。在完成初凝时间测定后,立即将试模连同浆体以平移的方式从玻璃板上取下,翻转 180°,直径大端朝上,小端朝下,放在玻璃板上,再放入湿气养护箱内继续养护。临近终凝时间时每隔 15 min(或更短时间)测定一次,当试针沉入试体 0.5 mm 时,即环形附件开始不能在试体上留下痕迹时,为水泥达到终凝状态。

五、测定注意事项

测定时应注意,在最初测定的操作时应轻轻地扶持金属柱,使其徐徐下降以防试针撞弯,但结果以自由下落为准;在整个操作过程中试针插入的位置至少要距试模内壁 10 mm。

临近初凝时,每隔 5 min(或更短时间)测定一次,临近终凝时每隔 15 min(或更短时间)测定一次,到达初凝时应立即重复测一次,当两次结论相同时,才能确定达到初凝状态,到达终凝时,需要在试体另外两个不同点测试,确认结论相同时才能确定达到终凝状态。每次测定不能让试针落入原针孔,每次测定完毕须将试针擦净并将试模放回湿气养护箱内,整个测定过程要防止试模受振。

六、结果判定

(1) 硅酸盐水泥初凝时间不小于 45 min,终凝时间不大于 390 min。

(2) 普通水泥、矿渣水泥、火山灰水泥、粉煤灰水泥和复合水泥的初凝时间不小于45 min,终凝时间不大于 600 min。

实验 2-4　水泥安定性测定实验

一、实验目的

检验水泥浆在硬化时体积变化的均匀性,以确定水泥的品质。可用以检验游离氧化钙造成的体积安定性不良。造成水泥体积安定性不良的主要原因有游离氧化钙过多、氧化镁过多和掺入的石膏过多。对于氧化镁和石膏含量,规定水泥出厂时应符合要求。

二、实验原理

对游离氧化钙的危害作用,则通过沸煮法来检验。安定性检验分雷氏法(标准法)和试饼法(代用法)两种,有争议时以雷氏法为准。雷氏法是观测由两个试针的相对位移所指示的水泥标准稠度净浆体积膨胀的程度。试饼法是观测水泥标准稠度净浆试饼的外形变化程度。

三、主要仪器设备

(1) 水泥净浆搅拌机。

(2) 雷氏夹:由铜质材料制成,如图 1-2-5 所示。当一根指针的根部先悬挂在一根金属丝或尼龙丝上,另一根指针的根部再挂上质量 300 g 的砝码时,两根指针针尖的距离增加应在(17.5±2.5)mm 范围内,即 $2x=(17.5±2.5)$mm,当去掉砝码后针尖的距离能恢复至挂砝码前的状态,如图 1-2-6 所示。

(3) 沸煮箱:有效容积为 410 mm×240 mm×310 mm,内设篦板和加热器,能在(30±5)min 内将水箱内的水由室温升至沸腾,并可保持沸腾 3 h 而不加水,整个实验过程中不需补充水量。

(4) 雷氏夹膨胀测定仪:标尺最小刻度为 0.5 mm,如图 1-2-7 所示。

（5）湿气养护箱和钢直尺。

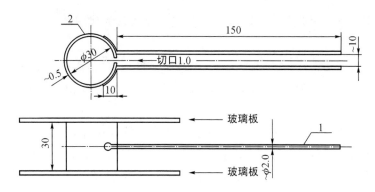

图 1-2-5 雷氏夹（单位：mm）

1—指针；2—环模

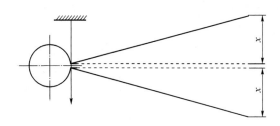

图 1-2-6 雷氏夹受力示意图

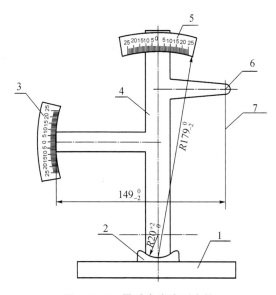

图 1-2-7 雷氏夹膨胀测定仪

1—底座；2—模子座；3—测弹性标尺；4—立柱；
5—测膨胀值标尺；6—悬臂；7—悬丝

四、实验步骤

实验方法分标准法和代用法,雷氏法为标准法,试饼法为代用法。

1. 标准法

(1) 测定前的准备工作:每个试样需成型两个试件,每个雷氏夹需配两个边长或直径约 80 mm、厚度 4～5 mm 的玻璃板。凡与水泥净浆接触的玻璃板和雷氏夹表面都要涂上一层油。

(2) 水泥净浆的拌制:方法同水泥标准稠度用水量实验中净浆的拌制。

(3) 雷氏夹试件的成型:将预先准备好的雷氏夹放在已稍擦油的玻璃板上,并立即将已制好的标准稠度净浆一次装满雷氏夹,装浆时一只手轻轻扶持雷氏夹,另一只手用宽约 25 mm 的直边刀插捣 3 次,然后抹平,盖上稍涂油的玻璃板,接着立即将试件移至湿气养护箱内养护(24 ± 2)h。

(4) 沸煮。

① 调整好沸煮箱内的水位,保证在整个沸煮过程中水都漫过试件,中途不需加水,同时又能在(30 ± 5)min 内沸腾。

② 脱去玻璃板取下试件,先测量指针之间的距离(A),精确到 0.5 mm,接着将试件放在沸煮箱水中试件架上,指针朝上,然后在(30 ± 5)min 内加热到沸腾,并恒沸(180 ± 5)min。

③ 沸煮结束,放掉箱中热水,打开箱盖,待箱体冷却至室温,取出试件进行判定。

2. 代用法

(1) 测定前准备工作:每个样品需准备两块边长约 100 mm×100 mm 的玻璃板,每个试样需成型两个试件。凡与水泥净浆接触的玻璃板表面都要涂上一层油。

(2) 水泥标准稠度净浆的制备:方法同水泥标准稠度用水量实验中净浆的拌制。

(3) 试饼的成型方法:将制好的标准稠度净浆取出一部分分成两等份,使之成球形,放在预先准备好的玻璃板上,轻轻振动玻璃板并用湿布擦过的小刀由边缘向中央抹,做成直径 70～80 mm、中心厚约 10 mm、边缘渐薄、表面光滑的试饼,接着将试饼放入湿气养护箱内养护(24 ± 2)h。

(4) 沸煮。

① 调整好沸煮箱内的水位,保证在整个沸煮过程中水都漫过试件,中途不需加水,同时又能在(30 ± 5)min 内沸腾。

② 脱去玻璃板取下试件,在试饼无缺陷的情况下,接着将试饼放在沸煮箱水中的篦板上,在(30 ± 5)min 内加热到沸腾,并恒沸(180 ± 5)min。

③ 沸煮结束,立即放掉箱中热水,打开箱盖,待箱体冷却至室温,取出试件进行判定。

五、结果判定

1. 雷氏法

测量试件指针尖端间的距离(C),准确至 0.5 mm。当两个试件煮后增加的距离($C-A$)的平均值不大于 5.0 mm 时,即认为该水泥安定性合格;当两个试件煮后增加的距离($C-A$)

的平均值大于 5.0 mm 时,应用同一样品立即重做一次实验。以复检结果为准。

2. 试饼法

目测试件未发现裂缝,用钢直尺检查也没有弯曲(使钢直尺和试饼底部紧靠,以两者间不透光为不弯曲)的试饼为安定性合格,反之为不合格。当两个试饼判定有矛盾时,该水泥的安定性为不合格。

当雷氏法和试饼法实验结果有矛盾时,以雷氏法为准。

水泥胶砂强度检验实验

一、实验依据

本实验依据《水泥胶砂强度检验方法(ISO 法)》(GB/T 17671—1999)进行。

二、实验目的

水泥强度是评价水泥质量的重要指标,是划分水泥强度等级的依据。通过本实验了解水泥胶砂强度检验的原理,学习掌握水泥胶砂强度检验的测定方法。日后能为工程中用水泥质量评价提供数据参数,做出最终评价。

三、实验原理

水泥加水后发生水化反应,生成多种矿物,并不断凝结硬化,强度也逐渐增高。水泥的标号就是根据水泥强度的大小来划分的,它是水泥质量等极的标志。标号越高,表明强度越高。

根据受力形式的不同,水泥强度通常分为抗压强度和抗折强度。水泥胶砂硬化试体承受压缩破坏时的最大应力,称为水泥的抗压强度;水泥胶砂硬化试体承受弯曲破坏时的最大应力,称为水泥的抗折强度。本实验用 40 mm× 40 mm×160 mm 棱柱试体的水泥胶砂抗压强度和抗折强度,确定水泥的强度等级。

四、主要仪器设备

1. 行星式水泥胶砂搅拌机

行星式水泥胶砂搅拌机由胶砂搅拌锅和搅拌叶片及相应的机构组成。搅拌锅可以随意挪动,但可以很方便地固定在锅座上,而且搅拌时也不会明显晃动和转动;搅拌叶片呈扇形,搅拌时除顺时针自转外,沿锅周边逆时针公转,并具有高低两种速度,属行星式搅拌机,如图 1-3-1

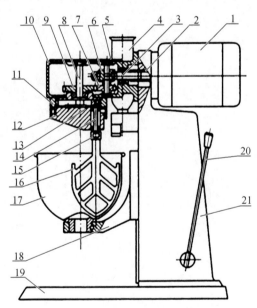

图 1-3-1　行星式水泥胶砂搅拌机

1—电机;2—联轴套;3—蜗杆;4—砂罐;
5—传动箱盖;6—涡轮;7—齿轮Ⅰ;8—主轴;
9—齿轮Ⅱ;10—传动箱;11—内齿轮;12—偏心座;
13—行星齿轮;14—搅拌叶片;15—调节螺母;
16—搅拌叶;17—搅拌锅;18—支座;19—底座;
20—手柄;21—立柱

所示。自动控制程序为：低速(30±1)s,再低速(30±1)s,同时自动开始加砂并在 20～30 s
内全部加完,高速(30±1)s,停(90±1)s,高速(60±1)s。

2. 水泥胶砂试模

试模由隔板、端板、底板、紧固装置及
定位销组成,能同时成型三条 40 mm ×
40 mm × 160 mm 棱柱体且可拆卸,如图 1-
3-2 所示。

3. 水泥胶砂试件成型振实台

振实台由台盘和使其跳动的凸轮等组
成。台盘上有固定试模用的卡具,并连有
两根起稳定作用的臂,凸轮由电机带动,通
过控制器控制按一定的要求转动并保证使
台盘平稳上升至一定高度后自由下落,其
中心恰好与止动器撞击。基本结构示意图
见图 1-3-3 所示。振实台应安装在高度约
400 mm 的混凝土基座上。混凝土体积约
为 0.25 m³,重约 600 kg。需防外部振动影

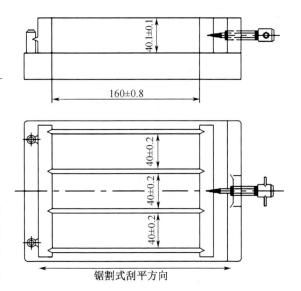

图 1-3-2 水泥胶砂试模(单位：mm)

响振实效果时,可在整个混凝土基座下放一层厚约 5 mm 天然橡胶弹性衬垫。将仪器用地
脚螺丝固定在基座上,安装后设备成水平状态,仪器底座与基座之间要铺一层砂浆以保证它
们的完全接触。

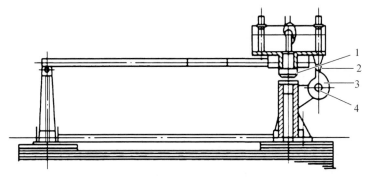

图 1-3-3 振实台基本结构示意图

1—突头；2—随动轮；3—凸轮；4—止动器

4. 水泥胶砂电动抗折实验机

抗折机为双臂杠杆式,主要由机架、可逆电机、传动丝杠、标尺、抗折夹具等组成。抗折
夹具的加荷与支撑圆柱的直径为 10 mm,两支承圆钢间的距离为 100 mm。加荷与支撑圆柱
必须用硬质钢材制造,且都应能转动和更换。两个支撑圆柱必须在同一水平上,并保证实验
时与试体长度方向垂直。加荷圆柱应处于两个支撑圆柱的中央,并与其平行。工作时游砣
沿着杠杆移动逐渐增加负荷,加压速度为 0.05 kN/s,最大负荷不低于 5 000 N。通过三根圆
柱轴的三个竖向平面应该平行,并在实验时继续保持平行和等距离垂直试体的方向,其中一

根支撑圆柱和加荷圆柱能轻微地倾斜使圆柱与试体完全接触,以便荷载沿试体宽度方向均匀分布,同时不产生任何扭转应力。其结构示意图如图 1-3-4 所示。试件在夹具中受力状态如图 1-3-5 所示。

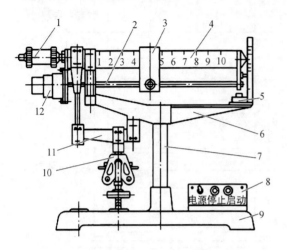

图 1-3-4 水泥胶砂电动抗折实验机结构示意图

1—平衡锤;2—传动丝杠;3—游砣;4—主杠杆;
5—微动开关;6—机架;7—立柱;8—电气控制箱;
9—底座;10—抗折夹具;11—下杠杆;12—可逆电机

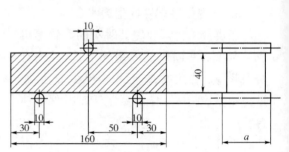

图 1-3-5 抗折强度测定加荷图(单位:mm)

5. 抗压强度实验机

抗压强度实验机,在较大的 4/5 量程范围内使用时记录的荷载应有 ±1‰ 精度,并具有按 $(2\,400\pm200)$ N/s 速率的加荷能力,应有一个能指示试件破坏时荷载并把它保持到实验机卸荷以后的指示器,可以用表盘里的峰值指针或显示器来达到。人工操纵的实验机应配有一个速度动态装置以便于控制荷载增加。压力机的活塞竖向轴应与压力机的竖向轴重合,在加荷时也不例外,而且活塞作用的合力要通过试件中心。压力机的下压板表面应与该机的轴线垂直并在加荷过程中一直保持不变。压力机上压板球座中心应在该机竖向轴线与上压板下表面相交点上,其公差为 ±1 mm。上压板在与试体接触时能自动调整,但在加荷期间上下压板的位置应固定不变。实验机压板应由维氏硬度不低于 HV600 硬质钢制成,最好为碳化钨,厚度不小于 10 mm,宽为 (40 ± 1) mm,长不小于 40 mm。压板和试件接触的表面平面度公差应为 0.01 mm,表面粗糙度(R_a)应在 0.1~0.8 之间。

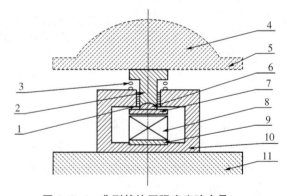

图 1-3-6 典型的抗压强度实验夹具

1—滚珠轴承;2—滑块;3—复位弹簧;4—压力机球座;
5—压力机上压板;6—夹具球座;7—夹具上压板;8—试体;
9—底板;10—夹具下垫板;11—压力机下压板

6. 抗压强度实验夹具

抗压夹具由框架、传压柱、上下压板组成,如图 1-3-6 所示。上压板带有球座,用两根吊簧吊在框架上,下压板固定在框架上,上、下压板宽度为(40±0.1)mm。工作时传压柱、上下压板与框架处于同一轴线上。

五、实验材料

1. 砂

(1) ISO 基准砂。

ISO 基准砂是由德国标准砂公司制备的 SiO_2 含量不低于 98% 的天然圆形硅质砂组成,其颗粒分布在表 1-3-1 规定的范围内。

表 1-3-1 ISO 基准砂颗粒分布

方孔边长/mm	累计筛余/%	方孔边长/mm	累计筛余/%
2.0	0	0.5	67±5
1.6	7±5	0.16	87±5
1.0	33±5	0.08	99±1

砂的筛析实验应用有代表性的样品来进行,每个筛子的筛析实验应进行至每分钟通过量小于 0.5 g 为止。砂的湿含量是在 105～110℃下用代表性砂样烘 2 h 的质量损失来测定,以干基的质量百分数表示,应小于 0.2%。

(2) 中国 ISO 标准砂。

中国 ISO 标准砂完全符合表 1-3-1 颗粒分布和湿含量的规定。生产期间这种测定每天应至少进行 1 次。中国 ISO 标准砂可以单级分包装,也可以各级预配合以(1 350±5)g 的塑料袋混合包装,但所用塑料袋材料不得影响强度实验结果。

2. 水泥

当实验水泥从取样至实验要保持 24 h 以上时,应把它贮存在基本装满和气密的容器里,这个容器应不与水泥起反应。

3. 水

仲裁实验或其他重要实验用蒸馏水,其他实验可用饮用水。

六、实验条件

(1) 试体成型实验室的温度应保持在(20±2)℃,相对湿度应不低于 50%。

(2) 试体带模养护的养护箱或雾室温度保持在(20±1)℃,相对湿度不低于 90%。

(3) 试体养护池水温应在(20±1)℃范围内。

(4) 实验室空气温度和相对湿度及养护池水温在工作期间每天至少记录 1 次。

(5) 养护箱或雾室的温度与相对湿度至少每 4 h 记录一次,在自动控制的情况下记录次数可以酌减至每天记录 2 次。在温度给定范围内,控制所设定的温度应为此范围中值。

七、实验步骤

1. 胶砂的制备

（1）胶砂的质量配合比应为一份水泥、三份标准砂和半份水（水灰比为 0.5）。一锅胶砂成三条试体，每锅材料需要量：水泥（450±2）g，标准砂（1350±5）g，水（225±1）mL。水泥、砂、水和实验用具的温度与实验室相同，称量用的天平精度应为±1 g。当用自动滴管加 225 mL水时，滴管精度应达到±1 mL。

（2）使胶砂搅拌机处于待工作状态，将标准砂加入砂罐中，将水加入搅拌锅里，再加入水泥，把搅拌锅放在固定架上，上升至固定位置。

（3）开动搅拌机，低速搅拌 30 s 后，在第二个 30 s 开始时，均匀地将砂子加入。若各级砂为分装，从最粗粒级开始，依次将所需要的每级砂量加完，把机器调至高速再搅拌 30 s，停拌 90 s，在第一个 15 s 内，用一胶皮刮具将叶片和锅壁上的胶砂刮入锅中。在高速下继续搅拌 60 s，各个搅拌阶段时间误差应在±1 s 内。搅拌过程宜采用程序自动控制。

2. 试件的制备

（1）成型前将试模擦净，四周的模板与底座的接触面上应涂黄油，紧密装配，防止漏浆，内壁均匀涂一薄层机油。

（2）胶砂制备后立即成型。将空试模和模套固定在振实台上。用一个合适的勺子直接从搅拌锅里将胶砂分两层装入试模，装第一层时，每个槽里约放 300 g 胶砂，用大播料器垂直架在模套顶部沿每个模槽来回一次将料层播平，接着振实 60 次。再装入第二层胶砂，用小播料器播平，再振实 60 次。

（3）移走模套，从振实台上取下试模，用一金属直尺以近似 90°的角度架在试模模顶的一端，然后沿试模长度方向以横向锯割动作慢慢向另一端移动，一次将超过试模部分的胶砂刮去，并用同一直尺以近乎水平的角度将试件表面抹平。

（4）在试模上做标记或加字条标明试件编号和试件相对于振实台的位置。

3. 试件的养护

（1）脱模前的处理和养护。

去掉留在试模四周的胶砂。立即将做好标记的试模放入雾室或养护箱的水平架子上养护，湿空气应能与试模各边接触。养护时不应将试模放在其他试模上。一直养护到规定的脱模时间时取出试模。脱模前，用防水墨汁或颜料笔对试件进行编号和做其他标记。两个龄期以上的试件，在编号时应将同一试模中的三条试件分在两个以上龄期内。

（2）脱模。

要非常小心地用塑料锤或橡皮榔头对试件脱模。对于 24 h 龄期的，需在破型实验前 20 min 内脱模。龄期 24 h 以上的，在成型后 20～24 h 之间脱模。已确定作为 24 h 龄期实验（或其他不下水直接做实验）的已脱模试体，应用湿布覆盖至做实验时为止。

（3）水中养护。

脱模后将做好标记的试件立即水平或竖直放在（20±1）℃水中养护，水平放置时刮平面应朝上。试件放在不易腐烂的篦子上（不宜用木篦子），并彼此间保持一定间距，以让水与试件6个面接触。养护期间试件之间间隔或试件上表面的水深不得小于5 mm。每个养护池只养护同类型的水泥试件。最初用自来水装满养护池（或容器），随后随时加水保持适当的恒定水位，不允许在养护期间全部换水。除24 h龄期或延迟至48 h脱模的试体外，任何到龄期的试体应在实验（破型）前15 min从水中取出。揩去试体表面沉积物，并用湿布覆盖至实验为止。

（4）水泥胶砂试件养护至各规定龄期。

试件龄期是从水泥加水搅拌开始起算。不同龄期的强度实验在下列时间里进行测定：24 h±15 min；48 h±30 min；72 h±45 min；7 d±2 h；>28 d±8 h。

4. 强度测定

用规定的设备以中心加荷法测定抗折强度。在折断后的棱柱体上进行抗压实验，受压面是试体成型时的两个侧面，面积为40 mm×40 mm。当不需要抗折强度数值时，抗折强度实验可以省去。但抗压强度实验应在不使试件受有害应力情况下折断的两截棱柱体上进行。

（1）抗折强度测定。

将试体一个侧面放在实验机支撑圆柱上，试体长轴垂直于支撑圆柱如图1-3-5所示，通过加荷圆柱以(50±10)N/s的速率均匀地将荷载垂直地加在棱柱体相对侧面上，直至折断。保持两个半截棱柱体处于潮湿状态直至抗压实验。

抗折强度 R_f，按式(1-3-1)进行计算：

$$R_f = \frac{1.5F_f L}{b^3} \tag{1-3-1}$$

式中 R_f——抗折强度，MPa(精确至0.1 MPa)；

F_f——折断时施加于棱柱体中部的荷载，N；

L——支撑圆柱之间的距离，mm；

b——棱柱体正方形截面的边长，mm。

根据上式计算出抗折强度，以三条试件的平均值为实验结果。

当三个强度值中有一个超过平均值的±10%时，应剔除，将余下的两条计算平均值，并作为抗折强度实验结果。

（2）抗压强度测定。

抗压强度实验用规定的仪器，在半截棱柱体的侧面上进行。半截棱柱体中心与压力机压板受压中心差应在±0.5 mm内，棱柱体露在压板外的部分约有10 mm。在整个加荷过程中以(2 400±200)N/s的速率均匀地加荷直至破坏。

抗压强度 R_c，按式(1-3-2)进行计算：

$$R_c = \frac{F_c}{A} \tag{1-3-2}$$

式中 R_c——抗压强度，MPa(精确至0.1 MPa)；

F_c——破坏时的最大荷载，N；

A——受压部分面积，mm^2(40 mm×40 mm=1 600 mm^2)。

取抗压强度 6 个测定值的算术平均值作为抗压强度实验结果。

如 6 个测定值中有一个超出 6 个平均值的±10%，应剔除这个结果，用剩下的 5 个值进行算术平均，如果 5 个测定值中再有超出它们平均值的±10%的，则此组结果作废。

八、结果判定

不同品种不同强度等级的通用硅酸盐水泥，其不同龄期的强度应符合表 1-3-2 的规定。

表 1-3-2　不同品种不同强度等级的通用硅酸盐水泥不同龄期的强度值

品种	强度等级	抗压强度/MPa		抗折强度/MPa	
		3 d	28 d	3 d	28 d
硅酸盐水泥 P. Ⅰ P. Ⅱ	42.5	17.0	42.5	3.5	6.5
	42.5R	22.0	42.5	4.0	6.5
	52.5	23.0	52.5	4.0	7.0
	52.5R	27.0	52.5	5.0	7.0
	62.5	28.0	62.5	5.0	8.0
	62.5R	32.0	62.5	5.5	8.0
普通硅酸盐水泥 P. O	32.5	11.0	32.5	2.5	5.5
	32.5R	16.0	32.5	3.	5.5
	42.5	16.0	42.5	3.5	6.5
	42.5R	21.0	42.5	4.0	6.5
	52.5	22.0	52.5	4.0	7.0
	52.5R	26.0	52.5	5.0	7.0
矿渣硅酸盐 P. S 火山灰质硅酸盐 P. P 粉煤灰硅酸盐 P. E	32.5	10.0	32.5	2.5	5.5
	32.5R	15.0	32.5	3.5	5.5
	42.5	15.0	42.5	3.5	6.5
	42.5R	19.0	42.5	4.0	6.5
	52.5	21.0	52.5	4.0	7.0
	52.5R	23.0	52.5	4.5	7.0
复合水泥 P. C	32.5	11.0	32.5	2.5	5.5
	32.5R	16.0	32.5	3.5	5.5
	42.5	16.0	42.5	3.5	6.5
	42.5R	21.0	42.5	4.0	6.5
	52.5	22.0	52.5	4.0	7.0
	52.5R	26.0	52.5	5.0	7.0

混凝土用骨料实验——筛分析实验

一、实验依据

本实验依据《建设用砂》(GB/T 14684—2011)和《建设用卵石、碎石》(GB/T 14685—2011)进行。

二、实验目的

通过筛分析实验测定骨料的颗粒级配及细度模数,以评价骨料的级配情况和细度。

三、实验原理

将一定质量的骨料用一套标准筛筛分,得到各号筛上的筛余量,从而计算出分计筛余百分率和累计筛余百分率以及细度模数,并以此评价骨料的级配和粗细。

四、主要仪器设备

(1) 鼓风干燥箱:能使温度控制在(105±5)℃。

(2) 天平:量程不小于 1 000 g,分度值不大于 1 g。

(3) 砂子用方孔筛:孔径为 150 μm、300 μm、600 μm、1.18 mm、2.36 mm、4.75 mm 及 9.50 mm 的方孔筛各一个,并附有筛底和筛盖。

(4) 石子用方孔筛:孔径为 2.36 mm、4.75 mm、9.50 mm、16.0 mm、19.0 mm、26.5 mm、31.5 mm、37.5 mm、53.0 mm、63.0 mm、75.0 mm 及 90.0 mm 的方孔筛各 1 个,并附有筛底和筛盖(筛框内径为 300 mm)。

(5) 摇筛机。

(6) 搪瓷盘、毛刷等。

五、实验内容及步骤

1. 砂筛分析实验

(1) 按规定取样,筛除大于 9.50 mm 的颗粒(并算出其筛余百分率),将试样缩分至约 1 100 g,放在鼓风干燥箱中于(105±5)℃下烘干至恒量,待冷却至室温后,分为大致相等的两份备用。

注:恒量是指试样在烘干 3 h 以上的情况下,其前后质量之差不大于该项实验所要求的称量精度(下同)。

（2）称取试样 500 g,精确至 1 g。将试样倒入按孔径大小从大到小组合的套筛(附筛底)上,然后进行筛分。

（3）将套筛置于摇筛机上,摇 10 min;取下套筛,按筛孔大小顺序再逐个用手筛,筛至每分钟通过量小于试样总量的 0.1% 为止。通过的试样并入下一号筛中,并和下一号筛中的试样一起过筛,这样顺序进行,直至各号筛全部筛完为止。

（4）称出各号筛的筛余量,精确至 1 g。试样在各号筛上的筛余量不得超过按式(1-4-1)计算出的量。

$$G = \frac{A \times d^{1/2}}{200} \tag{1-4-1}$$

式中　G——在一个筛上的筛余量,g;
　　　A——筛面面积,mm²;
　　　d——筛孔尺寸,mm。

超过时应按下列方法之一处理:

① 将该粒级试样分成少于按式(1-4-1)计算出的量,分别筛分,并以筛余量之和作为该筛的筛余量。

② 将该粒级及以下各粒级的筛余混合均匀,称出其质量,精确至 1 g。再用四分法缩分为大致相等的两份,取其中一份,称出其质量,精确至 1 g,继续筛分。计算该粒级及以下各粒级的分计筛余量时应根据缩分比例进行修正。

2. 石筛分析实验

（1）按规定取样,并将试样缩分至略大于表 1-4-1 规定的量,烘干或风干后备用。

表 1-4-1　颗粒级配实验所需试样质量

最大粒径/mm	9.5	16.0	19.0	26.5	31.5	37.5	63.0	75.0
最少试样质量/kg	1.9	3.2	3.8	5.0	6.3	7.5	12.6	16.0

（2）称取按表 1-4-1 规定量的试样一份,精确到 1 g。将试样倒入按孔径从大到小组合的套筛(附筛底)上,然后进行筛分。

（3）将套筛置于摇筛机上,摇 10 min;取下套筛,按筛孔大小顺序再逐个用手筛,筛至每分钟通过量小于试样总量的 0.1% 为止。通过的颗粒并入下一号筛中,并和下一号筛中的试样一起过筛,这样顺序进行,直至各号筛全部筛完为止。

注：当筛余颗粒的粒径大于 19.0 mm 时,在筛分过程中,允许用手指拨动颗粒。

（4）称出各号筛的筛余量,精确至 1 g。

六、结果计算

1. 砂筛分析实验

（1）计算分计筛余百分率:各号筛的筛余量与试样总量之比,计算精确至 0.1%。

（2）计算累计筛余百分率：该号筛的筛余百分率加上该号筛以上各筛筛余百分率之和，精确至0.1%。筛分后，如每号筛的筛余量与筛底的剩余量之和同原试样质量之差超过原试样质量的1%时，须重新实验。

（3）砂的细度模数按式（1-4-2）计算，精确至0.01。

$$M_x = \frac{(A_2 + A_3 + A_4 + A_5 + A_6) - 5A_1}{100 - A_1} \tag{1-4-2}$$

式中　M_x——细度模数；

A_1、A_2、A_3、A_4、A_5、A_6——分别为4.75 mm、2.36 mm、1.18 mm、600 μm、300 μm、150 μm 筛的累计筛余百分率。

（4）累计筛余百分率取两次实验结果的算术平均值，精确至1%。细度模数取两次实验结果的算术平均值，精确至0.1；如两次实验的细度模数之差超过0.20时，须重新取样实验。

（5）根据各号筛的累积筛余百分率，采用修约值比较法评定该试样的颗粒级配。

2. 石筛分析实验

（1）计算分计筛余百分率：各号筛的筛余量与试样总量之比，计算精确至0.1%。

（2）计算累计筛余百分率：该号筛的筛余百分率加上该号筛以上各筛筛余百分率之和，精确至1%。筛分后，如各号筛的筛余量与筛底的剩余量之和同原试样质量之差超过原试样质量的1%时，须重新实验。

（3）根据各号筛的累计筛余百分率，采用修约值比较法，评定该试样的颗粒级配。

七、结果判定

1. 砂实验

《建设用砂》中将砂按技术要求分为Ⅰ类、Ⅱ类、Ⅲ类，其中Ⅰ类宜用于强度等级大于C60的混凝土；Ⅱ类宜用于强度等级C30～C60及抗冻、抗渗或其他要求的混凝土；Ⅲ类宜用于强度等级小于C30的混凝土和建筑砂浆。

（1）细度模数

《建设用砂》（GB/T 14684—2011）中将砂分为粗砂、中砂和细砂三种规格，其细度模数分别为：粗砂3.7～3.1；中砂3.0～2.3；细砂2.2～1.6。《普通混凝土用砂、石质量及检验方法标准》（JGJ 52—2006）还包括特细砂，其细度模数为1.5～0.7。

（2）颗粒级配

砂的颗粒级配应符合表1-4-2的规定；砂的级配类别应符合表1-4-3的规定。对于砂浆用砂，4.75 mm筛孔的累计筛余量应为0。砂的实际颗粒级配与表中所列数字相比，除4.75 mm和600 μm筛档外，可以略有超出，但各级累计筛余量超出值总和应不大于5%。

表 1-4-2　砂的颗粒级配

级配区	1 区	2 区	3 区
方孔筛	累计筛余/%		
4.75 mm	10~0	10~0	10~0
2.36 mm	35~5	25~0	15~0
1.18 mm	65~35	50~10	25~0
600 μm	85~71	70~41	40~16
300 μm	95~80	92~70	85~55
150 μm	100~90	100~90	100~90

表 1-4-3　砂的级配类别

类别	Ⅰ	Ⅱ	Ⅲ
级配区	2 区	1、2、3 区	

2. 石实验

《建设用卵石、碎石》(GB/T 14685—2011)中将石按技术要求分为Ⅰ类、Ⅱ类、Ⅲ类,其中Ⅰ类宜用于强度等级大于 C60 的混凝土;Ⅱ类宜用于强度等级为 C30~C60 及抗冻、抗渗或其他要求的混凝土;Ⅲ类宜用于强度等级小于 C30 的混凝土和建筑砂浆。

碎石或卵石的颗粒级配应符合表 1-4-4 的规定。

表 1-4-4　碎石或卵石的颗粒级配

方孔筛/mm		2.36	4.75	9.50	16.0	19.0	26.5	31.5	37.5	53.0	63.0	75.0	90.0
公称粒径/mm		累计筛余/%											
连续粒级	5~6	95~100	85~100	30~60	0~10	0							
	5~20	95~100	90~100	40~80	—	0~10	0						
	5~25	95~100	90~100	—	30~70	—	0~5	0					
	5~31.5	95~100	90~100	70~90	—	15~45	—	0~5	0				
	5~40	—	95~100	70~90	—	30~65	—	—	0~5	0			

（续表）

方孔筛/mm		2.36	4.75	9.50	16.0	19.0	26.5	31.5	37.5	53.0	63.0	75.0	90.0
公称粒径/mm		累计筛余/%											
单粒粒级	5~10	95~100	80~100	0~15	0								
	10~16		95~100	80~100	0~15								
	10~20		95~100	85~100		0~15	0						
	16~25			95~100	55~70	25~40	0~10						
	16~31.5		95~100		85~100			0~10	0				
	20~40			95~100		80~100			0~10	0			
	40~80					95~100			70~100		30~60	0~10	0

实验 5

普通混凝土拌合物性能实验

一、实验依据

本实验依据《普通混凝土配合比设计规程》(JGJ 55—2011)和《普通混凝土拌合物性能试验方法标准》(GB/T 50080—2016)进行。

二、实验目的

通过坍落度与坍落扩展度法或维勃稠度法测定混凝土拌合物的稠度,进而检验和控制混凝土工程或预制混凝土构件的和易性;评定混凝土拌合物的和易性是否符合施工工艺要求;测定混凝土拌合物捣实后的单位体积质量(即表观密度)。

三、实验原理

坍落度与坍落扩展度法是通过提起坍落度筒后测定筒内混凝土下落的高度或者坍落成饼的直径的定量实验方法加上定性实验方法来评价混凝土的流动性、黏聚性、保水性(即和易性);维勃稠度法是通过测定将一定量的混凝土振动密实到规定程度所需时间来评价干硬性混凝土的和易性。

四、实验取样

(1)同一组混凝土拌合物的取样应从同一盘混凝土或同一车混凝土中取样,取样量应多于实验所需量的 1.5 倍,且不宜小于 20 L。

(2)混凝土拌合物的取样应具有代表性,宜采用多次取样的方法。一般在同一盘混凝土或同一车混凝土中的约 1/4 处、1/2 处和 3/4 处之间分别取样,从第一次取样到最后一次取样不宜超过 15 min,然后人工搅拌均匀。

(3)从取样完毕到开始做各项性能实验不宜超过 5 min。

五、试样的制备

(1)在实验室制备混凝土拌合物时,拌合时实验室的温度应保持在(20±5)℃,所用材料的温度应与实验室温度保持一致。

(2)实验室拌合混凝土时,材料用量以质量计。称量精度:骨料为±0.5%;水泥、水、掺合料、外加剂均为±0.2%。

(3)实验室制备混凝土拌合物的搅拌应符合下列规定:

① 混凝土拌合物应采用搅拌机搅拌,搅拌前应将搅拌机冲洗干净,并预拌少量同种混凝土拌合物或水胶比相同的砂浆,搅拌机内壁挂浆后将剩余料卸出。

② 称好的粗骨料、胶凝材料、细骨料和水应依次加入搅拌机,难容和不溶的粉状外加剂宜与胶凝材料同时加入搅拌机,液体和可溶外加剂宜与拌合水同时加入搅拌机。

③ 混凝土拌合物宜搅拌 2 min 以上,直至搅拌均匀。

④ 混凝土拌合物一次搅拌量不宜少于搅拌机公称容量的 1/4,不大于搅拌机公称容量,且不应少于 20 L。

六、实验记录

(1) 取样应记录下列内容并写入实验或检验报告:

① 取样日期、时间和取样人。

② 工程名称,结构部位。

③ 混凝土加水时间和搅拌时间。

④ 混凝土标记。

⑤ 取样方法。

⑥ 试样编号。

⑦ 试样数量。

⑧ 环境温度及取样的天气情况。

⑨ 取样混凝土的温度。

(2) 在实验室制备混凝土拌合物时,除记录以上内容外,还应记录下列内容:

① 实验环境温度。

② 实验环境湿度。

③ 各种原材料品种、规格、产地及性能指标。

④ 混凝土配合比和每盘混凝土的材料用量。

实验 5-1 坍落度实验

本实验方法适用于骨料最大公称粒径不大于 40 mm、坍落度不小于 10 mm 的混凝土拌合物坍落度的测定。

一、主要仪器设备

(1) 混凝土坍落度仪:坍落度仪由坍落度筒、漏斗、测量标尺、底板和捣棒等组成,其中坍落度筒顶部内径为(100±2)mm,底部内径为(200±2)mm,垂直高度为(30±2)mm。坍落度筒及捣棒如图 1-5-1 所示。

(2) 底板:平面尺寸不小于 1 500 mm×1 500 mm,厚度不小于 3 mm 的钢板,其最大挠度不应大于 3 mm。

(3) 小铲、镘刀、钢直尺等。

二、实验步骤

(1) 湿润坍落度筒、漏斗、捣棒、底板、小铲和镘刀等用具,在坍落度筒内壁和底板上应润湿无明水。底板应放置在坚实水平面上,并把坍落度筒放在底板中心,然后用脚踩住两边的脚踏板,坍落度筒在装料时应保持固定的位置。

(2) 把按要求取得的混凝土试样用小铲分三层均匀地装入坍落度筒内,使捣实后每层高度为筒高的1/3左右。每层用捣棒插捣25次。插捣应沿螺旋方向由外向中心进行,各次插捣应在截面上均匀分布。插捣筒边混凝土时,捣棒可以稍稍倾斜。

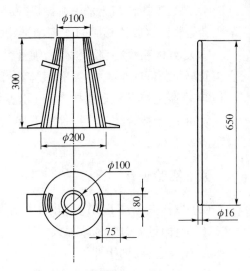

图1-5-1 坍落度筒及捣棒(单位:mm)

(3) 插捣底层时,捣棒应贯穿整个深度,插捣第二层和顶层时,捣棒应插透本层至下一层的表面。

(4) 浇灌顶层时,混凝土拌合物应灌到高出筒口,插捣过程中,如混凝土沉落到低于筒口,则应随时添加。

(5) 顶层插捣完后,取下装料漏斗,刮去多余的混凝土拌合物,并用抹刀抹平。

(6) 清除筒边底板上的混凝土后,垂直平稳地提起坍落度筒,并轻放于试样旁边;当试样不再继续坍落或坍落时间达30 s,用钢尺测量出筒高与坍落后混凝土试体最高点之间的高度差,作为该混凝土拌合物的坍落度值。

(7) 坍落度筒的提离过程宜控制在3～7 s内完成;从开始装料到提坍落度筒的整个过程应连续不间断地进行,并应在150 s内完成。

(8) 将坍落度筒提离后,如混凝土发生崩坍或一边剪坏现象,则应重新取样另行测定;如第二次实验仍出现上述现象,则表示该混凝土和易性不好,应予记录说明。

(9) 观察坍落后的混凝土试体的黏聚性及保水性。

黏聚性的检测方法是用捣棒在已坍落的混凝土锥体侧面轻轻敲打,此时如果锥体逐渐下沉,则表示黏聚性良好,如果锥体倒塌、部分崩裂或出现离析现象,则表示黏聚性不好。

保水性以混凝土拌合物稀浆析出的程度来评定,坍落度筒提起后如有较多的稀浆从底部析出,锥体部分的混凝土也因失浆而骨料外露,则表明此混凝土拌合物的保水性不好;如坍落度筒提起后无稀浆或仅有少量稀浆自底部析出,则表示此混凝土拌合物保水性良好。

三、结果计算

混凝土拌合物坍落度测量值应精确至1 mm,结果修约至5 mm。

实验 5-2　坍落度经时损失实验

本实验方法可用于混凝土拌合物的坍落度随静置时间变化的测定。

一、主要仪器设备

实验用的主要仪器设备同坍落度实验用的设备。

二、实验步骤

(1) 测量出机时混凝土拌合物的初始坍落度值 H_0。

(2) 将全部混凝土拌合物试样装入塑料桶或不被水泥浆腐蚀的金属桶内,应用桶盖或塑料薄膜密封静置。

(3) 自搅拌加水开始计时,静置 60 min 后应将桶内混凝土拌合物试样全部倒入搅拌机内,搅拌 20 s,进行坍落度实验,得出 60 min 坍落度值 H_{60}。

三、结果计算

60 min 混凝土坍落度经时损失实验结果按式(1-5-1)进行计算。

$$H = H_0 - H_{60} \qquad (1-5-1)$$

式中　H——60 min 混凝土坍落度经时损失值。

当工程要求调整静置时间时,则应按静置时间测定并计算混凝土坍落度经时损失。

实验 5-3　扩展度实验

本实验方法适用于骨料最大公称粒径不大于 40 mm、坍落度不小于 160 mm 的混凝土拌合物扩展度的测定。

一、主要仪器设备

实验用的主要仪器设备同坍落度实验用的设备。

二、实验步骤

(1) 湿润坍落度筒、漏斗、捣棒、底板、小铲和镘刀等用具,在坍落度筒内壁和底板上应润湿无明水。底板应放置在坚实水平面上,并把坍落度筒放在底板中心,然后用脚踩住两边的脚踏板,坍落度筒在装料时应保持固定的位置。

(2) 把按要求取得的混凝土试样用小铲分三层均匀地装入坍落度筒内,使捣实后每层高度为筒高的 1/3 左右。每层用捣棒插捣 25 次。插捣应沿螺旋方向由外向中心进行,各次插捣应在截面上均匀分布。插捣筒边混凝土时,捣棒可以稍稍倾斜。

(3) 插捣底层时,捣棒应贯穿整个深度,插捣第二层和顶层时,捣棒应插透本层至下一层的表面。

(4) 浇灌顶层时,混凝土拌合物应灌到高出筒口,插捣过程中,如混凝土沉落到低于筒口,则应随时添加。

(5) 顶层插捣完后,取下装料漏斗,刮去多余的混凝土拌合物,并用抹刀抹平。

(6) 清除筒边底板上的混凝土后,垂直平稳地提起坍落度筒,坍落度筒的提离过程宜控制在 $3 \sim 7$ s 内完成;当试样不再扩展或扩展持续时间已达 50 s,用钢尺测量混凝土拌合物扩展面展开的最大直径以及与最大直径呈垂直方向的直径。

(7) 扩展度实验从开始装料到测得混凝土扩展度值的整个过程应连续不间断地进行,并应在 4 min 内完成。

(8) 发现粗骨料在中央堆集或边缘有浆体析出时,应记录说明。

三、结果计算

当量得的两直径之差小于 50 mm 时,应取算术平均值作为扩展度实验结果;当量得的两直径之差不小于 50 mm 时,应重新取样另行测定。

混凝土拌合物扩展值测量应精确至 1 mm,结果修约至 5 mm。

实验 5-4 扩展度经时损失实验

本实验方法可用于混凝土拌合物的扩展度随静置时间变化的测定。

一、主要仪器设备

实验用的主要设备同坍落度实验用的设备。

二、实验步骤

(1) 测量出机时混凝土拌合物的初始扩展度值 L_0。

(2) 将全部混凝土拌合物试样装入塑料桶或不被水泥浆腐蚀的金属桶内,应用桶盖或塑料薄膜密封静置。

(3) 自搅拌加水开始计时,静置 60 min 后应将桶内混凝土拌合物试样全部倒入搅拌机内,搅拌 20 s,进行扩展度实验,得出 60 min 坍落度值 L_{60}。

三、结果计算

60 min 混凝土扩展度经时损失实验结果按式(1-5-2)进行计算。

$$L = L_0 - L_{60} \tag{1-5-2}$$

式中　L——60 min 混凝土扩展度经时损失值。

当工程要求调整静置时间时,则应按静置时间测定并计算混凝土扩展度经时损失。

实验 5-5　维勃稠度实验

本实验方法宜用于骨料最大公称粒径不大于 40 mm,维勃稠度在 5~30 s 的混凝土拌合物维勃稠度的测定。

一、主要仪器设备

(1) 维勃稠度仪:维勃稠度仪由容器、滑杆、圆盘、旋转架、振动台和控制系统等组成。容器内径为(240 ± 5)mm,高为(200 ± 2)mm。坍落度筒的内径为(200 ± 2)mm。旋转架与测杆及喂料口相连。测杆下部安装有透明且水平的圆盘,并用定位螺钉把测杆固定在数显表中。旋转架安装在立柱上通过十字凹槽来控制方向,并用固定螺丝来固定其位置,就位后测杆与喂料口的轴线与容器的轴线重合。透明圆盘直径为(230 ± 2)mm,厚度为(10 ± 2)mm。荷重块直接固定在圆盘上。由测杆、圆盘及荷重块组成的滑动部分总质量为($2\,750\pm50$)g。捣棒为直径 16 mm、长 600 mm 的钢棒,端部应磨圆。震动台工作频率为(50 ± 3)Hz。A 型维勃稠度仪构造示意图如图 1-5-2 所示,B 型维勃稠度仪构造示意图如图 1-5-3 所示。

(2) 秒表:精度不应低于 0.1 s。

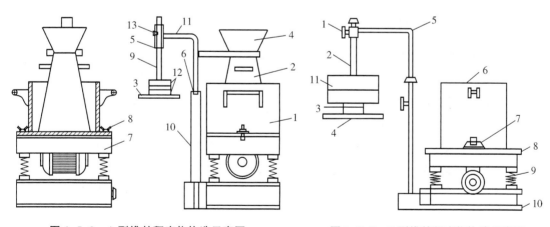

图 1-5-2　A 型维勃稠度仪构造示意图

1—容器;2—坍落度筒;3—圆盘;4—漏斗;5—套筒;
6—定位器;7—振动台;8—固定螺丝;9—滑杆;
10—支座;11—旋转架;12—砝码;13—测杆螺丝

图 1-5-3　B 型维勃稠度仪构造示意图

1—螺栓;2—滑杆;3—砝码;4—圆盘;5—旋转架;
6—容器;7—固定螺栓;8—振动台面;9—弹簧;
10—底座;11—配重砝码

二、实验步骤

(1) 将维勃稠度仪放置在坚实水平面上,用湿布把容器、坍落度筒、喂料斗内壁及其他用具润湿且无明水。

（2）将喂料斗提到坍落度筒上方扣紧，校正容器位置，使其中心与喂料中心重合，然后拧紧固定螺丝。

（3）将试样用小铲分三层经喂料斗均匀装入坍落度筒内，捣实后每层高度为筒高的1/3左右。每层用捣棒插捣 25 次，插捣应沿螺旋方向由外向中心进行。插捣底层时，捣棒应贯穿整个深度，插捣第二层和顶层时，捣棒应插透本层至下一层的表面；顶层混凝土拌合物应高出筒口，插捣过程中，如混凝土沉落到低于筒口，则应随时添加。

（4）顶层插捣完应将喂料斗转离坍落度筒，沿坍落度筒口刮平顶面，垂直地提起坍落度筒，不应使混凝土拌合物试样产生横向的扭动。

（5）将透明圆盘转到混凝土圆台体顶面，放松测杆螺钉，降下圆盘，使它轻轻地接触到混凝土顶面。

（6）拧紧定位螺钉并检查测杆螺钉是否已经完全放松。同时开启振动台和秒表，当振动到透明圆盘的整个底面与水泥浆接触时，关闭振动台。

三、结果计算

由秒表读得的时间即为该混凝土拌合物的维勃稠度值，精确至 1 s。

实验 5-6　表观密度实验

一、主要仪器设备

（1）容量筒：金属制成的圆筒，筒外臂应有提手。对骨料最大粒径不大于 40 mm 的拌合物采用容积为 5 L 的容量筒，其内径与内高均为(186±2)mm，筒壁厚为 3 mm；骨料最大粒径大于 40 mm 时，容量筒的内径与内高均应大于骨料最大粒径的 4 倍。容量筒上缘及内壁应光滑平整，顶面与底面应平行并与圆柱体的轴垂直。

（2）电子天平：量程不小于 50 kg，分度值不大于 10 g。

（3）振动台：振动台主要由悬挂式单轴激振器、弹簧、台面、支架和控制系统组成。台面由 Q235 钢材制作，台面应支撑在弹簧上，弹簧磨平角应为 270°。具体技术要求应符合《混凝土试验用振动台》(JG/T 245—2009)的规定。

（4）小铲、捣棒、拌板锡刀等。

二、实验步骤

（1）测定容量筒的容积。

① 应将干净容量筒与玻璃板一起称重。

② 将容量筒中装满水，缓慢将玻璃板从筒口一侧推到另一侧，应注意使玻璃板下不带入任何气泡，然后擦净玻璃板面及筒壁外的水分，再次称量。

③ 两次称量结果之差除以该温度下水的密度应为容量筒容积 V；常温下水的密度可取 1 kg/L。

（2）容量筒内外壁应擦干净，称出容量筒质量 m_1，精确至 10 g。

（3）混凝土拌合物试样应按下列要求进行装料，并插捣密实。

坍落度不大于 90 mm 的混凝土，宜用振动台振实。采用振动台振实时，应一次将混凝土拌合物灌到高出容量筒口。装料时可用捣棒稍加插捣，振动过程中如混凝土低于筒口，应随时添加混凝土，振动直至表面出浆为止。

坍落度大于 90 mm 混凝土，宜用捣棒捣实。插捣时，应根据容量筒的大小决定分层与插捣次数：用 5 L 容量筒时，混凝土拌合物应分两层装入，每层的插捣次数应为 25 次；用大于 5 L 的容量筒时，每层混凝土的高度不应大于 100 mm，每层插捣次数应按每 10 000 mm² 截面不小于 12 次计算。各次插捣应由边缘向中心均匀地插捣，插捣底层时捣棒应贯穿整个深度，插捣第二层时，捣棒应插透本层至下一层的表面；每一层捣完后用橡皮锤轻轻沿容器外壁敲打 5～10 次，进行振实，直至拌合物表面插捣孔消失，并不见大气泡为止。

自密实混凝土应一次性填满，且不应进行振动和插捣。

（4）用刮尺将筒口多余的混凝土拌合物刮去，表面如有凹陷应填平；将容量筒外壁擦净，称出混凝土试样与容量筒总质量 m_2，精确至 10 g。

三、结果计算

混凝土拌合物表观密度的计算应按式（1-5-3）进行：

$$\rho = \frac{m_2 - m_1}{V} \times 1\,000 \qquad (1\text{-}5\text{-}3)$$

式中　ρ——混凝土拌合物表观密度，kg/m³，精确至 10 kg/m³；

m_1——容量筒质量，kg；

m_2——容量筒和试样总质量，kg；

V——容量筒容积，L。

实验 6

普通混凝土力学性能实验

一、实验依据

本实验依据《普通混凝土配合比设计规程》(JGJ 55—2011)和《普通混凝土力学性能试验方法标准》(GB/T 50081—2002)进行。

二、实验目的

力学性能是作为主要材料的普通混凝土的重要性能。本实验通过测定普通混凝土的立方体抗压强度、抗折强度,从而可以检验和控制混凝土工程或预制混凝土构件的质量;评定混凝土的强度等级;检验混凝土是否符合结构设计要求。

三、实验原理

混凝土的立方体抗压强度实验是在立方体试件的非成型面上作用均匀分布的压力直至试件破坏,从而测出混凝土的立方体抗压强度。混凝土的抗折强度是用棱柱体试件在抗折机上折断,从而测出混凝土的抗折强度。

四、实验取样

混凝土的取样应符合有关规定,普通混凝土力学性能实验应以 3 个试件为一组,每组试件所用的拌合物应从同一盘混凝土或同一车混凝土中取样。

五、试件的尺寸、形状和公差

1. 试件的尺寸

试件的尺寸应根据混凝土中骨料的最大粒径按表 1-6-1 选定。

表 1-6-1　混凝土试件尺寸选用表

试件横截面尺寸/mm×mm	骨料最大粒径/mm	
	劈裂抗拉强度实验	其他实验
100×100	20	31.5
150×150	40	40
200×200	—	63

注：骨料最大粒径指的是符合《普通混凝土用碎石或卵石质量标准及检验方法》(JGJ 53—1992)中规定的圆孔筛的孔径。

为保证试件的尺寸,试件应采用符合《混凝土试模》(JG 237—2008)标准规定的试模制作。

2. 试件的形状

抗压强度试件应符合下列规定:边长为 150 mm 的立方体试件是标准试件,边长为100 mm 和 200 mm 的立方体试件是非标准试件。在特殊情况下,可采用 ϕ150 mm×300 mm 的圆柱体标准试件或 ϕ100 mm×200 mm 和 ϕ200 mm×400 mm 的圆柱体非标准试件。

抗折强度试件应符合下列规定:150 mm×150 mm×600 mm(或 550 mm)的棱柱体试件是标准试件,100 mm×100 mm×400 mm 的棱柱体试件是非标准试件。试件在长向中部 1/3 区段内不得有表面直径超过 5 mm、深度超过 2 mm 的孔洞。

3. 尺寸公差

试件承压面的平面度公差不得超过 0.000 5d(d 为边长)。试件的相邻面间的夹角应为 90°,其公差不得超过 0.5°。试件各边长、直径和高的尺寸的公差不得超过 1 mm。

六、试件的制作与养护

1. 混凝土试件的制作应符合下列规定

(1) 成型前,应检查试模尺寸且试模尺寸应符合相关标准规定要求;试模内表面应涂一薄层矿物油或其他不与混凝土发生反应的脱模剂。

(2) 在实验室拌制混凝土时,其材料用量应以质量计,称量的精度:水泥、掺合料、水和外加剂为±0.5%;骨料为±1%。

(3) 取样或实验室拌制的混凝土应在拌制后尽量短的时间内成型,一般不宜超过15 min。

(4) 根据混凝土拌合物的稠度确定混凝土成型方法,坍落度不大于 70 mm 的混凝土宜用振动振实;大于 70 mm 的宜用捣棒人工捣实;检验现浇混凝土或预制构件的混凝土,试件成型方法宜与实际采用的方法相同。

2. 混凝土试件制作应按下列步骤进行

(1) 取样或拌制好的混凝土拌合物应用铁锹至少再来回拌合三次。

(2) 根据混凝土拌合物的稠度确定的成型方法成型试件。

① 振动台振实制作试件应按下述方法进行:

a. 将混凝土拌合物一次装入试模,装料时应用抹刀沿各试模壁插捣,并使混凝土拌合物高出试模口。

b. 试模应附着或固定在振动台上,振动时试模不得有任何跳动,振动应持续到表面出浆为止;不得过振。

② 用人工插捣制作试件应按下述方法进行:

a. 混凝土拌合物应分两层装入模内,每层的装料厚度大致相等。

b. 插捣应按螺旋方向从边缘向中心均匀进行。在插捣底层混凝土时,捣棒应达到试模底部;插捣上层时,捣棒应贯穿上层后插入下层 20～30 mm;插捣时捣棒应保持垂直,不得倾斜。

c. 每层插捣次数为 10 000 mm² 截面积内不少于 12 次。

d. 插捣后应用橡皮锤轻轻敲击试模四周,直至插捣棒留下的空洞消失为止。

③ 用插入式振捣棒振实制作试件应按下述方法进行:

a. 将混凝土拌合物一次装入试模,装料时应用抹刀沿各试模壁插捣,并使混凝土拌合物高出试模口。

b. 宜用直径为 25 mm 的插入式振捣棒,插入试模振捣时,振捣棒距试模底板 10～20 mm 且不得触及试模底板,振动应持续到表面出浆为止,且应避免过振,以防止混凝土离析;一般振捣时间为 20 s。振捣棒拔出时要缓慢,拔出后不得留有孔洞。

(3) 刮除试模上口多余的混凝土,待混凝土临近初凝时,用抹刀抹平。

3. 试件的养护

(1) 试件成型后应立即用不透水的薄膜覆盖表面。

(2) 采用标准养护的试件,应在温度为(20±5)℃的环境中静置一昼夜至两昼夜,然后编号、拆模。拆模后应立即放入温度为(20±2)℃、相对湿度为 95% 以上的标准养护室中养护,或在温度为(20±2)℃的不流动的 $Ca(OH)_2$ 饱和溶液中养护。标准养护室内的试件应放在支架上,彼此间隔 10～20 mm,试件表面应保持潮湿,并不得被水直接冲淋。

(3) 同条件养护试件的拆模时间可与实际构件的拆模时间相同,拆模后,试件仍需保持同条件养护。

(4) 当检验结构或构件拆模、出池、出厂、吊装、预应力筋张拉或放张,以及施工期间需短暂负荷的混凝土强度时,其试件的养护条件应与施工中采用的养护条件相同。

(5) 标准养护龄期为 28 d(从搅拌加水开始计时)。

实验 6-1 抗压强度实验

抗压强度是评价混凝土力学性能的重要指标之一,本方法适用于测定混凝土立方体试件的抗压强度。

一、主要仪器设备

(1) 压力实验机:测量精度为±1%,试件破坏荷载应大于压力机全量程的 20% 且小于压力机全量程的 80%。应具有加荷速度指示装置或加荷速度控制装置,并应能均匀、连续地加荷。上下压板尺寸不小于试件的承压面积,厚度不应小于 25 mm,承压面的平面度公差为 0.04 mm,表面硬度不小于 55HRC;硬化层厚度约为 5 mm。

(2) 防崩裂网罩:混凝土强度等级大于等于 C60 时,试件周围应设防崩裂网罩。

二、实验步骤

(1) 试件从养护地点取出后应及时进行实验,将试件表面与上下承压板面擦干净。

(2) 将试件安放在实验机的下压板或垫板上,试件的承压面应与成型时的顶面垂直。试件的中心应与实验机下压板中心对准,开动实验机,当上压板与试件或钢垫板接近时,调整球座,使接触均衡。

(3) 在实验过程中应连续均匀地加荷,混凝土强度等级小于 C30 时,加荷速度为 0.3～0.5 MPa/s;混凝土强度等级大于等于 C30 且小于 C60 之间时,加荷速度为 0.5～0.8 MPa/s;混凝土强度等级大于等于 C60 时,加荷速度为 0.8～1.0 MPa/s。

(4) 当试件接近破坏开始急剧变形时,应停止调整实验机油门,直至破坏。然后记录破坏荷载。

三、结果计算

(1) 混凝土立方体抗压强度应按式(1-6-1)计算,精确至 0.1 MPa。

$$f_{cc} = \frac{F}{A} \tag{1-6-1}$$

式中　f_{cc}——混凝土立方体抗压强度,MPa;

　　F——试件破坏荷载,N;

　　A——试件承压面积,mm²。

(2) 强度值的确定应符合下列规定:

三个试件测值的算术平均值作为该组试件的强度值(精确至 0.1 MPa);三个测值中的最大值或最小值中如有一个与中间值的差值超过中间值的 15% 时,则把最大及最小值一并舍除,取中间值作为该组试件的抗压强度值;如最大值和最小值与中间值的差均超过中间值的 15%,则该组试件的实验结果无效。

(3) 混凝土强度等级小于 C60 时,用非标准试件测得的强度值均应乘以尺寸换算系数,对 200 mm×200 mm×200 mm 试件时为 1.05;对 100 mm×100 mm×100 mm 试件时为 0.95。当混凝土强度等级大于等于 C60 时,宜采用标准试件;使用非标准试件时,尺寸换算系数应由实验确定。

实验 6-2　抗折强度实验

抗折强度是评价混凝土力学性能的重要指标之一,本方法适用于测定混凝土抗折强度。

一、主要仪器设备

(1) 压力实验机:测量精度为±1%,试件破坏荷载应大于压力机全量程的 20% 且小于压力机全量程的 80%。

(2) 实验机应能施加均匀、连续、速度可控的荷载,并带有能使两个相等荷载同时作用在试件跨度 3 分点处的抗折实验装置,如图 1-6-1

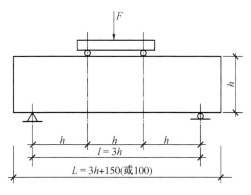

图 1-6-1　抗折实验装置(单位:mm)

所示。

（3）支座：试件的支座和加荷头应采用直径为 20～40 mm、长度不小于$(b+10)$mm（b为试件截面宽度）的硬钢圆柱，支座立脚点固定铰支，其他应为滚动支点。

二、实验步骤

（1）试件从养护地点取出后应及时进行实验，将试件表面擦干净。

（2）按图 1-6-1 所示装置安装试件，尺寸偏差不得大于 1 mm。试件的承压面应为试件成型时的侧面。支座及承压面与圆柱的接触面应平稳、均匀，否则应垫平。

（3）施加荷载应保持均匀、连续。当混凝土强度等级小于 C30 时，加荷速度取 0.02～0.05 MPa/s；当混凝土强度等级大于等于 C30 且小于 C60 之间时，加荷速度取 0.05～0.08 MPa/s；当混凝土强度等级大于等于 C60 时，加荷速度取 0.08～0.10 MPa/s 至试件接近破坏时，应停止调整实验机油门，直至试件破坏，然后记录破坏荷载。

（4）记录试件破坏时荷载的实验机示值及试件下边缘断裂位置。

三、结果计算

（1）若试件下边缘断裂位置处于两个集中荷载作用线之间，则混凝土抗折强度应按式（1-6-2）计算，精确至 0.1 MPa。

$$f_f = \frac{Fl}{bh^2} \tag{1-6-2}$$

式中　f_f——混凝土抗折强度，MPa；

　　　F——试件破坏荷载，N；

　　　l——支座间跨度，mm；

　　　h——试件截面高度，mm；

　　　b——试件截面宽度，mm。

（2）抗折强度值的确定应符合下列规定：

三个试件测值的算术平均值作为该组试件的强度值（精确至 0.1 MPa）；三个测值中的最大值或最小值中如有一个与中间值的差值超过中间值的 15% 时，则把最大及最小值一并舍去，取中间值作为该组试件的抗压强度值；如最大值和最小值与中间值的差均超过中间值的 15%，则该组试件的实验结果无效。

（3）3 个试件中若有 1 个折断面位于两个集中荷载之外，则混凝土抗折强度值按另两个试件的实验结果计算。若这两个测值的差值不大于这两个测值的较小值的 15% 时，则该组试件的抗折强度值按这两个测值的平均值计算，否则该组试件的实验无效。若有两个试件的下边缘断裂位置位于两个集中荷载作用线之外，则该组试件实验无效。

（4）当试件尺寸为 100 mm×100 mm×400 mm 非标准试件时，应乘以尺寸换算系数 0.85；当混凝土强度等级大于等于 C60 时，宜采用标准试件；使用非标准试件时，尺寸换算系数应由实验确定。

实验 7

建筑砂浆实验

建筑砂浆实验包括稠度、分层度、保水性、表观密度、凝结时间、立方体抗压强度、拉伸粘结强度、抗冻性能、含气量、吸水率、抗渗性能和收缩实验。这里只介绍砂浆稠度、分层度、保水性、表观密度、立方体抗压强度这 5 个实验。

一、实验依据

本实验依据《建筑砂浆基本性能试验方法标准》(JGJ/T 70—2009)进行。

二、实验取样及制备

1. 实验取样

(1) 建筑砂浆实验用料应根据不同要求,可从同一盘搅拌料或同一车砂浆中取样;取样量应不少于实验所需量的 4 倍。

(2) 施工中取样进行砂浆实验时,取样方法和原则应按相应的施工验收规范执行。一般在使用地点的砂浆槽、砂浆运送车或搅拌机出料口,至少从三个不同部位及时取样。对于现场取的试样,实验前应人工搅拌均匀。

(3) 从取样完毕到开始进行各项性能实验,不宜超过 15 min。

2. 试样的制备

(1) 实验室拌制砂浆进行实验时,拌合用的材料要提前 24 h 运入室内,拌合时实验室的温度应保持在(20±5)℃。当需要模拟施工条件下所用的砂浆时,实验室原材料的温度宜保持与施工现场一致。

(2) 实验用原材料应与现场使用材料一致。砂应通过公称粒径 5 mm 筛。

(3) 实验室拌制砂浆时,材料应称重计量。水泥、外加剂、掺合料等的称量精度应为±0.5%,细骨料的称量精度应为±1%。

(4) 实验室用搅拌机搅拌砂浆时,搅拌机应符合相关的规定,搅拌的用量宜为搅拌机容量的30%～70%,搅拌时间不宜少于 120 s。掺有掺合料和外加剂的砂浆,其搅拌时间不应少于 180 s。

实验 7-1 稠 度 实 验

一、实验目的

通过确定配合比或施工过程中控制砂浆的稠度,进而达到控制用水量的目的。

二、主要仪器设备

（1）砂浆稠度测定仪：由试锥、盛浆容器和支座三部分组成，如图1-7-1所示。试锥由钢材或铜材制成，试锥高度为 145 mm，锥底直径为 75 mm，试锥连同滑杆的质量应为（300±2）g；盛浆容器由钢板制成，筒高为 180 mm，锥底内径为 150 mm；支座分底座、支架及稠度显示三个部分，由铸铁、钢及其他金属制成。

（2）钢制捣棒：直径 10 mm、长 350 mm，端部磨圆。

（3）秒表等。

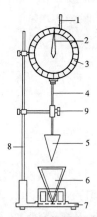

图 1-7-1　砂浆稠度测定仪
1—齿条测杆；2—指针；
3—刻度盘；4—滑杆；
5—试锥；6—盛浆容器；
7—底座；8—支架；
9—制动螺丝

三、实验步骤

（1）用少量润滑油轻擦滑杆，再将滑杆上多余的油用吸油纸擦净，使滑杆能自由滑动。

（2）将盛浆容器和试锥表面用湿布擦干净，将砂浆拌合物一次装入容器，使砂浆表面低于容器口约 10 mm，用捣棒自容器中心向边缘均匀地插捣 25 次，然后轻轻地将容器摇动或敲击 5～6 下，使砂浆表面平整，然后将容器置于稠度测定仪的底座上。

（3）拧松制动螺丝，向下移动滑杆，当试锥尖端与砂浆表面刚好接触时，拧紧制动螺丝，使齿条测杆下端刚好接触滑杆上端，读出刻度盘上的读数（精确至 1 mm）。

（4）拧松制动螺丝，同时计时，10 s 时立即拧紧螺丝，将齿条测杆下端接触滑杆上端，从刻度盘上读出下沉深度（精确至 1 mm），二次读数的差值即为砂浆的稠度值。

（5）盛装容器内的砂浆，只允许测定一次稠度，重复测定时，应重新取样测定。

四、结果计算

稠度实验结果应按下列要求确定：
（1）取两次实验结果的算术平均值，并应精确至 1 mm。
（2）当两次实验值之差大于 10 mm 时，应重新取样测定。

实验 7-2　密 度 实 验

一、实验目的

通过实验测定砂浆拌合物捣实后的单位体积质量，以确定每立方米砂浆拌合物中各组成材料的实际用量。

二、主要仪器设备

（1）容量筒：金属制成，内径 108 mm，净高 109 mm，筒壁厚 2～5 mm，容积为 1 L。

（2）天平：量程不小于 5 kg,分度值不大于 5 g。

（3）钢制捣棒：直径 10 mm,长 350 mm,端部磨圆。

（4）砂浆稠度仪。

（5）振动台：振幅(0.5±0.05)mm,频率(50±3)Hz。

（6）秒表。

三、容量筒容积的校正

采用一块能盖住容量筒顶面的玻璃板,先称出玻璃板和容量筒重,然后向容量筒中灌入温度为(20±5)℃的饮用水,到接近上口时,一边不断加水,一边把玻璃板沿筒口徐徐推入盖严。应注意使玻璃板下不带入任何气泡。然后擦净玻璃板面及筒壁外的水分,称量容量筒、水和玻璃板质量(精确至 5 g)。后者与前者称量值之差(以 kg 计)即为容量筒的容积(L)。

四、实验步骤

（1）按稠度实验的方法测定砂浆拌合物的稠度。

（2）用湿抹布擦净容量筒的内表面,称量容量筒质量 m_1,精确至 5 g。

（3）捣实可采用人工或机械方法。当砂浆稠度大于 50 mm 时,宜采用人工插捣法,当砂浆稠度不大于 50 mm 时,宜采用机械振动法。

采用人工插捣法时,将砂浆拌合物一次装满容量筒,使稍有富余,用捣棒由边缘向中心均匀地插捣 25 次,当插捣过程中砂浆沉落到低于筒口时,应随时添加砂浆,再用木锤沿容器外壁敲击 5～6 下。

采用机械振动法时,将砂浆拌合物一次装满容量筒连同漏斗在振动台上振 10 s,当振动过程中砂浆沉入到低于筒口时,应随时添加砂浆。

（4）捣实或振动后,将筒口多余的砂浆拌合物刮去,使砂浆表面平整,然后将容量筒外壁擦净,称出砂浆与容量筒总质量 m_2,精确至 5 g。

五、结果计算

砂浆拌合物的表观密度 ρ 按式(1-7-1)计算:

$$\rho = \frac{m_2 - m_1}{V} \times 1\,000 \qquad (1-7-1)$$

式中　ρ——表观密度,kg/m³;

m_1——容量筒质量,kg;

m_2——容量筒及试样质量,kg;

V——容量筒容积,L。

质量密度由两次实验结果的算术平均值确定,精确至 10 kg/m³。

实验 7-3 分层度实验

一、实验目的

通过实验测定砂浆拌合物在运输及停放时内部组分的稳定性。

二、主要仪器设备

(1) 砂浆分层度筒:应由钢板制成,内径应为 150 mm,上节高度应为 200 mm,下节高度应为 100 mm,两节的连接处应加宽 3~5 mm,并设有橡胶垫圈,如图 1-7-2 所示。

(2) 振动台:振幅(0.5±0.05)mm,频率(50±3)Hz。

(3) 稠度仪、木锤等。

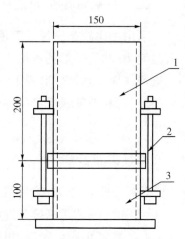

图 1-7-2 砂浆分层度测定仪
1—无底圆筒;2—连接螺栓;
3—有底圆筒

三、实验步骤

(1) 用稠度实验的方法测定砂浆拌合物的稠度。

(2) 将砂浆拌合物一次装入分层度筒内,待装满后,用木锤在分层度筒周围距离大致相等的 4 个不同部位轻轻敲击 1~2 下,如砂浆沉落到低于筒口,则应随时添加,然后刮去多余的砂浆并用抹刀抹平。

(3) 静置 30 min 后,去掉上节 200 mm 砂浆,剩余的 100 mm 砂浆倒出放在拌合锅内拌 2 min,按稠度实验的方法再测其稠度。前后测得的稠度之差即为该砂浆的分层度值。

四、快速法测定分层度实验的步骤

(1) 用稠度实验的方法测定砂浆拌合物的稠度。

(2) 将分层度筒预先固定在振动台上,砂浆一次装入分层度筒内,振动 20 s。

(3) 去掉上节 200 mm 砂浆,剩余的 100 mm 砂浆倒出放在拌合锅内拌 2 min,按稠度实验的方法再测其稠度。前后测得的稠度之差即为该砂浆的分层度值。如有争议时,以标准法为准。

五、结果计算

分层度实验结果应按下列要求确定:

(1) 取两次实验结果的算术平均值作为该砂浆的分层度值,精确至 1 mm。

(2) 两次分层度实验值之差如大于 10 mm,应重新取样测定。

实验 7-4　保水性实验

一、实验目的

通过实验测定砂浆的保水性,以判定砂浆拌合物在运输及停放时内部组分的稳定性。

二、主要仪器设备

(1) 金属或硬塑料圆环试模:内径 100 mm,内部高度 25 mm。

(2) 可密封的取样容器:应清洁、干燥。

(3) 2 kg 的重物。

(4) 医用棉纱:尺寸为 110 mm×110 mm,宜选用纱线稀疏,厚度较薄的棉纱。

(5) 超白滤纸:应采用《化学分析滤纸》(GB/T 1914—2017)中规定的中速定性滤纸,直径应为 110 mm,单位面积质量应为 200 g/m²。

(6) 2 片金属或玻璃的方形或圆形不透水片,边长或直径应大于 110 mm。

(7) 天平:量程为 200 g,分度值为 0.1 g;量程为 2 000 g,分度值为 1 g。

(8) 烘箱。

三、实验步骤

(1) 称量下不透水片与干燥试模质量 m_1 和 8 片中速定性滤纸质量 m_2。

(2) 将砂浆拌合物一次性装入试模,并用抹刀插捣数次,当填充砂浆略高于试模边缘时,用抹刀以 45°角一次性将试模表面多余的砂浆刮去,然后再用抹刀以较平的角度在试模表面反方向将砂浆刮平。

(3) 抹掉试模边的砂浆,称量试模、下不透水片与砂浆总质量 m_3。

(4) 用 2 片医用棉纱覆盖在砂浆表面,再在棉纱表面放上 8 片滤纸,用不透水片盖在滤纸表面,以 2 kg 的重物把不透水片压住。

(5) 静置 2 min 后移走重物及不透水片,取出滤纸(不包括棉纱),迅速称量滤纸质量 m_4。

(6) 从砂浆的配比及加水量计算砂浆的含水率,若无法计算,可按“砂浆含水率测试”的规定测定砂浆的含水率。

四、结果计算

砂浆保水性按照式(1-7-2)计算:

$$W = \left[1 - \frac{m_4 - m_2}{\alpha \times (m_3 - m_1)}\right] \times 100\% \qquad (1-7-2)$$

式中　W——砂浆保水性,%;

　　　m_1——下不透水片与干燥试模质量,g,精确至 1 g;

m_2——8 片滤纸吸水前的质量,g,精确至 0.1 g;

m_3——试模、下不透水片与砂浆总质量,g,精确至 1 g;

m_4——8 片滤纸吸水后的质量,g,精确至 0.1 g;

α——砂浆含水率,%。

取两次实验结果的算术平均值作为砂浆的保水性,精确至 0.1%;如果两个测定值中有 1 个超出平均值的 5%,则此组实验结果无效。

五、砂浆含水率测试

当无法计算砂浆的含水率时,可用下述方法测定:

称取 100 g 砂浆拌合物试样,置于一干燥并已称重的盘中,在(105±5)℃的烘箱中烘干至恒重。砂浆含水率应按式(1-7-3)计算:

$$\alpha = \frac{m_5}{m_6} \times 100\%　\qquad (1-7-3)$$

式中　α——砂浆含水率,%,精确至 0.1%;

m_5——烘干后砂浆样本损失的质量,g,精确至 1 g;

m_6——砂浆样本的总质量,g,精确至 1 g。

实验 7-5　立方体抗压强度实验

一、实验目的

通过实验测定砂浆立方体的抗压强度,并能正确评定建筑砂浆的强度等级。

二、主要仪器设备

(1) 试模:尺寸为 70.7 mm×70.7 mm×70.7 mm 的带底试模,材质应符合相关的规定,应具有足够的刚度并拆装方便。试模的内表面应机械加工,其不平度应为每 100 mm 不超过 0.05 mm,组装后各相邻面的不垂直度不应超过±0.5°。

(2) 钢制捣棒:直径为 10 mm,长为 350 mm 的钢棒,端部应磨圆。

(3) 压力实验机:精度应为 1%,试件破坏荷载不小于压力机量程的 20%,且不大于全量程的 80%。

(4) 振动台:空载中台面的垂直振幅应为(0.5±0.05)mm,空载频率应为(50±3)Hz,空载台面振幅均匀度不应大于 10%,一次实验应至少能固定(或用磁力吸盘)三个试模。

(5) 垫板:实验机上、下压板及试件之间可垫以钢垫板,垫板的尺寸应大于试件的承压面,其不平度应为每 100 mm 不超过 0.02 mm。

三、立方体抗压强度试件的制作及养护步骤

（1）应采用立方体试件，每组试件应为 3 个。

（2）应采用黄油等密封材料涂抹试模的外接缝，试模内应涂刷薄层机油或脱模剂，将拌制好的砂浆一次性装满砂浆试模，成型方法应根据稠度而确定。当稠度大于 50 mm 时，宜采用人工插捣成型，当稠度不大于 50 mm 时，宜采用振动台振实成型。

① 人工插捣：应采用捣棒均匀地由边缘向中心按螺旋方式插捣 25 次，插捣过程中当砂浆沉落低于试模口时，应随时添加砂浆，可用油灰刀插捣数次，并用手将试模一边抬高 5～10 mm 各振动 5 次，砂浆应高出试模顶面 6～8 mm。

② 振动台振实：将砂浆一次装满试模，放置到振动台上，振动时试模不得跳动，振动 5～10 s 或持续到表面泛浆为止，不得过振。

（3）应待表面水分稍干后，再将高出试模部分的砂浆沿试模顶面刮去并抹平。

（4）试件制作后应在温度为 (20±5)℃ 的环境下静置 (24±2)h，当气温较低时，可适当延长时间，但不应超过两昼夜，然后对试件进行编号，拆模。试件拆模后应立即放入温度为 (20±2)℃，相对湿度为 90% 以上的标准养护室中养护。养护期间，试件彼此间隔不得小于 10 mm，混合砂浆试件上面应覆盖，防止有水滴在试件上。

四、立方体试件抗压强度实验步骤

（1）试件从养护地点取出后，应尽快进行实验，以免试件内部的温湿度发生显著变化。实验前先将试件擦拭干净，测量尺寸，并检查其外观。试件尺寸测量精确至 1 mm，并据此计算试件的承压面积。如实测尺寸与公称尺寸之差不超过 1 mm，可按公称尺寸计算。

（2）将试件安放在实验机的下压板（或下垫板）上，试件的承压面应与成型时的顶面垂直，试件中心应与实验机下压板（或下垫板）中心对准。开动实验机，当上压板与试件接近时，调整球座，使接触面均衡受压。承压实验应连续而均匀地加荷，加荷速度应为 0.25～1.5 kN/s。当砂浆强度不大于 5 MPa 时，宜取下限；当砂浆强度大于 5 MPa 时，宜取上限。当试件接近破坏而开始迅速变形时，停止调整实验机油门，直至试件破坏，然后记录破坏荷载。

五、结果计算

砂浆立方体抗压强度按式(1-7-4)计算，精确至 0.1 MPa：

$$f_{m,cu} = \frac{N_u}{A} \tag{1-7-4}$$

式中　$f_{m,cu}$——砂浆立方体试件抗压强度，MPa；

　　　N_u——立方体试件破坏荷载，N；

　　　A——试件承压面积，mm^2。

以三个试件测值的算术平均值的 1.3 倍(f_2)作为该组试件的砂浆立方体试件抗压强度

平均值,精确至 0.1 MPa。

当三个测值的最大值或最小值中有一个与中间值的差值超过中间值的 15%时,则把最大值及最小值一并舍去,取中间值作为该组试件的抗压强度值;当两个测值与中间值的差值均超过中间值的 15%时,该组实验结果应为无效。

实验 8

钢 筋 实 验

一、实验依据

本实验依据《钢筋混凝土用钢 第 1 部分：热轧光圆钢筋》(GB/T 1499.1—2017)、《钢筋混凝土用钢 第 2 部分：热轧带肋钢筋》(GB/T 1499.2—2018)、《金属材料 拉伸试验 第 1 部分：室温试验方法》(GB/T 228.1—2010)和《金属材料 弯曲试验方法》(GB/T 232—2010)进行。

二、实验目的

测定钢筋的实际直径、屈服强度、抗拉强度、伸长率、拉应力与应变之间的关系、承受规定弯曲程度的变形能力，为确定和检验钢材的力学及工艺性能提供依据。通过冷弯实验，检验钢筋常温下承受规定弯曲程度的变形能力，从而确定其塑性和可加工性能，并显示其缺陷。

三、钢筋主规格

(1) 热轧带肋钢筋的牌号由 HRB 或 HRBF 以及牌号的屈服点最小值构成，分为普通热轧钢筋 HRB400、HRB500 和 HRB600，细晶粒热轧钢筋 HRBF400 和 HRBF500。钢筋的公称直径范围为 6～50 mm，推荐的钢筋公称直径为 6 mm、8 mm、10 mm、12 mm、16 mm、20 mm、25 mm、32 mm、40 mm 和 50 mm。

(2) 热轧光圆钢筋的强度等级代号为 HPB235 和 HPB300。钢筋的公称直径范围为 6～22 mm，推荐的钢筋公称直径为 6 mm、8 mm、10 mm、12 mm、16 mm 和 20 mm。

四、实验取样

(1) 同一牌号、同一炉罐号、同一规格的钢筋每 60 t 为一批，超过 60 t 的部分，每增加 40 t 增加一个拉伸实验试样和一个弯曲实验试样。

(2) 允许由同一牌号、同一冶炼方法、同一浇注方法的不同炉罐号组成混合批，但各炉罐号含碳量之差不大于 0.02%，含锰量之差不大于 0.15%。组合批的质量不大于 60 t。

(3) 钢筋拉伸及冷弯使用的试样不允许进行车削加工。实验应在 10～35℃ 的温度下进行，否则应在报告中注明。

(4) 每批钢筋的检验项目、取样方法及实验方法应符合表 1-8-1 的规定。

表 1-8-1　钢筋取样方法

序号	检验项目	取样数量	取样方法
1	拉伸	2 根	任选两根钢筋切去,长度约 500 mm
2	弯曲	2 根	任选两根钢筋切去,长度约 400 mm

五、技术要求

1. 热轧带肋钢筋

热轧带肋钢筋的技术要求包括化学成分、交货状态、力学性能、工艺性能和表面质量。钢筋的力学性能应符合表 1-8-2 的要求。钢筋在最大力下的总伸长率不小于 2.5%,供方如能保证钢筋符合要求,可不做检验。

表 1-8-2　钢筋的力学性能

钢筋种类	牌号	下屈服强度 δ_s /MPa	抗拉强度 δ_b /MPa	断后伸长率 /%	最大力下的总伸长率 /%
热轧光圆钢筋	HPB235	235	370	25	10
	HPB300	300	420		
热轧带肋钢筋	HRB400, HRBF400	400	540	16	7.5
	HRB500, HRBF500	500	630	15	

注:所有数值均为最小值。

工艺性能包括弯曲性能和反向弯曲性能。弯曲性能按规定的弯心直径弯曲 180° 后,钢筋受弯曲部位不得产生裂纹。根据需方要求,钢筋可进行反向弯曲性能实验。反向弯曲实验的弯心直径比弯曲实验相应增加一个钢筋直径,先正向弯曲 45°,后反向弯曲 23°,经反向弯曲实验后,钢筋弯曲部位表面不得产生裂纹。

表面质量要求为:钢筋表面不得有裂纹、结疤和折叠;钢筋表面允许有凸块,但不得超过横肋的高度,钢筋表面其他缺陷的深度和高度不得大于所在部位尺寸的允许偏差。

2. 热轧光圆钢筋

热轧光圆钢筋的技术要求包括化学成分、冶炼方法、交货状态、力学性能、工艺性能和表面质量。钢筋的力学性能应符合表 1-8-2 的要求。弯曲性能按规定的弯心直径弯曲 180° 后,钢筋弯曲部位不得产生裂纹。

表面质量要求为:钢筋表面不得有裂纹、结疤和折叠;钢筋表面凸块和其他缺陷的深度和高度不得大于所在部位尺寸的允许偏差。

六、结果判定

如果每组试样均能满足技术要求的规定,则产品合格。如有某一项实验结果不符合标准要求,则从同一批中再任取双倍数量的试样进行该不合格项目的复检。复检时可以将抽

样产品从实验单元中挑出,也可不挑出,但应采用下列方法进行:

(1) 如果抽样产品从实验单元中挑出,检验代表应随机从同一实验单元中选出另外两个抽样产品。然后从两个抽样产品中分别制取试样,在与第一次实验相同的条件下再做一次同类型的实验。

(2) 如果抽样产品保留在实验单元中,应按(1)的规定步骤进行,但是重取的试样必须有一个是从保留在实验单元中的抽样产品上切取的。

复检结果即使有一个指标不合格,整批判为不合格,不得交货。

实验 8-1 钢筋拉伸实验

一、实验原理

对钢筋进行拉伸实验,一般拉至断裂,测量钢筋的屈服点、抗拉强度和伸长率等主要力学性能指标,据此可以对钢筋的质量进行评价和判定。实验一般在室温 10~35℃ 范围内进行,对温度要求严格的实验,实验温度应为(23±5)℃。

二、试样制备

拉伸实验用的钢筋试件不得进行车削加工,可以用两个或一系列等份小冲点或细划线标出试件原始标距,测量标距长度 L_0,精确至 0.1 mm。一般取 $5d$ 或 $10d$(d 为钢筋公称直径),如图 1-8-1 所示。试样在实验机两夹头间的自由长度(L_c)应使试样原始标距的标记与最接近夹头间的距离不小于 $1.5d$,即 $L_c \geqslant L_0 + 3d$。试样总长度取决于夹持方法,原则上 $L > L_c + 4d$,

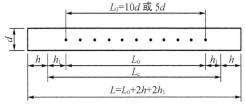

图 1-8-1 钢筋拉伸试验试件

d—试样原始直径;L_0—标距长度;
h_1—取不小于 $1.5d$;h—夹具长度

即 L 应大于 $12d$(原始标距取 $5d$)或 $17d$(原始标距取 $10d$),通常取样长度为 500 mm 左右。根据钢筋的公称直径按表 1-8-3 选取钢筋公称横截面面积 $A(\mathrm{mm}^2)$。

表 1-8-3 钢筋公称横截面面积

公称直径 d/mm	公称横截面面积 A/mm²	公称直径 d/mm	公称横截面面积 A/mm²
6	28.27	20	314.2
8	50.27	22	380.1
10	78.54	25	490.9
12	113.1	28	615.8
14	153.9	32	804.2
16	201.1	36	1 018
18	254.5	40	1 257

三、主要仪器设备

（1）实验机：应为1级或优于1级准确度。

（2）引伸计：测定上屈服强度、下屈服强度应使用不劣于1级准确度的引伸计；测定具有较大延伸率的性能，如抗拉强度、最大力总延伸率以及断后伸长率，应使用不劣于2级准确度的引伸计。

（3）钢筋打点机、游标卡尺（精度为0.1 mm）、天平等。

四、实验步骤

（1）在试样原始标距范围内，按10等份用小标记、细画线或细墨线画线（或用钢筋打点机打点），但不得用引起过早断裂的缺口作标记。有时可以在试样表面画1条平行于试样纵轴的线，并在此线上标记原始标距。

（2）测定试样原始横截面积。热轧带肋钢筋和热轧光圆钢筋采用公称截面积，无需测量。其余钢筋应用量具测定试样原始尺寸（当直径小于10 mm时，量具精度应不小于0.01 mm；当直径大于10 mm时，量具精度应不小于0.05 mm），测量尺寸精确至0.5%。对于圆形横截面试样，应在标距的两端及中间3处两个相互垂直的方向测量直径，取其算术平均值，取用3处测得的横截面积的平均值。

（3）将试件固定在实验机夹具中。

（4）开动实验机进行拉伸，在弹性范围和直至上屈服强度，实验机夹头的分离速率应尽可能保持恒定并在6～60 MPa/s的范围内；测定下屈服强度时，在试样平行长度的屈服期间应变速率应在0.000 25～0.002 5/s之间；屈服后测定抗拉强度时，试样平行长度的应变速率不应超过0.008/s，直至试件拉断。

（5）测定断后伸长率，应将试样断裂的部分仔细地配接在一起，使其轴线处于同一直线上，并采取特别措施确保试样断裂部分适当接触后测量试样断后标距。应使用分辨率优于0.1 mm的量具或测量装置测定断后标距，精确至0.25 mm。原则上只有断裂处与最接近的标距标记的距离不小于原始标距的1/3时方为有效，但断后伸长率大于或等于规定值，不管断裂位置处于何处测量均为有效。

如拉断处距离邻近标距端点大于$L_0/3$时，可用游标卡尺直接量出L_1。如拉断处距离邻近标距端点小于或等于$L_0/3$时，可按下述移位法确定L_1：在长段上自断点起，取等于短段格数得B点，再取等于长段所余格数（偶数）之半得C点，如图1-8-2(a)所示；或者取所余格数（奇数）减1与加1之半得C与C_1点，如图1-8-2(b)所示。则移位后的L_1分别为$AB+2BC$或$AB+BC+BC_1$。

（6）实验出现下列情况之一其实验结果无效，应重做同样数量试样的实验：试样断在标距外或

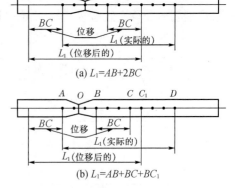

(a) $L_1=AB+2BC$

(b) $L_1=AB+BC+BC_1$

图1-8-2　用移位法计算标距

断在机械刻画的标距标记上,而且断后伸长率小于规定最小值;实验期间设备发生故障,影响了实验结果。此外,实验后试样出现2个或2个以上的缩颈以及显示出肉眼可见的冶金缺陷(例如分层、气泡、夹渣、缩孔等),应在实验记录和报告中注明。

五、结果计算

屈服强度(δ_s)和抗拉强度(δ_b)分别按式(1-8-1)和式(1-8-2)计算,精确到5 MPa:

$$\delta_s = \frac{F_{eL}}{S_0} \tag{1-8-1}$$

$$\delta_b = \frac{F_m}{S_0} \tag{1-8-2}$$

式中　F_{eL}——在屈服期间,不计初始瞬时效应的最小力,kN;

F_m——试样在屈服阶段之后所能抵抗的最大力,对于无明显屈服(连续屈服)的金属材料,为实验期间的最大力,kN;

S_0——原始横截面积,mm^2,应至少保留4位有效数字,见表1-8-3以直径(d)计算原始横截面积时,按照式(1-8-3)计算。

$$S_0 = \frac{1}{4}\pi d^2 \tag{1-8-3}$$

断后伸长率按式(1-8-4)计算,精确至0.5%:

$$\delta_5(\text{或}\ \delta_{10}) = \frac{L_1 - L_0}{L_0} \times 100\% \tag{1-8-4}$$

式中　L_1——断后标距,mm;

L_0——原始标距,mm。

实验8-2　冷弯实验

一、实验原理

弯曲实验是以圆形、方形、矩形或多边形横截面试样在弯曲装置上经受弯曲塑性变形,不改变加力方向,直至达到规定的弯曲角度。实验一般在室温10~35℃的范围内进行,对温度要求严格的实验,实验温度应为(23±5)℃。

弯曲实验时,试样两臂的轴线保持在垂直于弯曲轴的平面内。如为弯曲180°的弯曲实验,按照相关产品标准的要求,将试样弯曲至两臂相互平行且相距规定距离或两臂直接接触。

二、试样制备

试样自每批钢筋中随机抽取两根钢筋取样,钢筋类产品均以其全截面进行实验。不允许进行切削,试样的长度可按式(1-8-5)确定。通常取样长度为 250 mm 左右;当钢筋直径超过 28 mm 时,取样长度为 300 mm。

$$L = 0.5\pi(d+a) + 140 \tag{1-8-5}$$

式中　π——圆周率,其值取 3.1;

　　　d——弯心直径,mm;

　　　a——试样直径,mm。

三、主要仪器设备

实验机或压力机:配有支辊式、V 形模具式和虎钳式三种形式的弯曲装置。支辊式弯曲装置如图 1-8-3 所示,配有两个支辊和一个弯曲压头,其中支辊长度和弯曲压头的宽度应大于试样宽度或直径,弯曲压头的直径由产品标准规定,支辊和弯曲压头应具有足够的硬度。

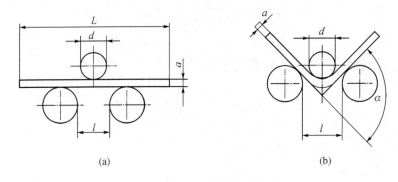

(a)　　　　　　　　　　(b)

图 1-8-3　支辊式弯曲装置

四、实验步骤

(1) 按试样种类和牌号计算支辊间距离,按式(1-8-6)计算,并调整两支辊间距以满足要求,此距离在实验期间应保持不变。

$$l = (d+3a) \pm 0.5a \tag{1-8-6}$$

(2) 根据相关产品标准的规定选取弯曲压头直径和弯曲角度,见表 1-8-4,并安装合适尺寸的冷弯头。相关产品标准规定的弯曲角度作为最小值,规定的弯曲半径作为最大值。

表 1-8-4 钢筋弯心直径和弯曲角度

钢筋种类	牌号	公称直径 a/mm	弯心直径 d/mm	弯曲角度
热轧光圆钢筋	HPB235	6~22	a	180°
	HPB300			
热轧带肋钢筋	HRB335，HRBF335	6~25	$3a$	180°
		28~40	$4a$	
		40~50	$5a$	
	HRB400，HRBF400	6~25	$4a$	
		28~40	$5a$	
		40~50	$6a$	
	HRB500，HRBF500	6~25	$6a$	
		28~40	$7a$	
		40~50	$8a$	

（3）将试样放于两支辊上，如图 1-8-3(a)所示，试样轴线应与弯曲压头轴线垂直，弯曲压头在两支座之间的中点处，对试样连续施加力使其弯曲，直至达到规定的弯曲角度。如不能直接达到规定的弯曲角度，应将试样置于两平行压板之间如图 1-8-4 所示，连续施加压力使其两端进一步弯曲，直至达到规定的弯曲角度。

（4）试样弯曲180°至两臂相距规定距离且相互平行的实验，首先采用图 1-8-3(b)的方法对试样进行初步弯曲（弯曲角度应尽可能大），然后将试样置于两平行压板之间，如图 1-8-4 所示，连续施加压力使其两端进一步弯曲，直至两臂平行，如图 1-8-5 所示。实验时可以加或不加垫块。除非产品标准中另有规定，垫块厚度应等于规定的弯曲压头直径。

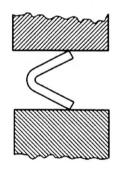

图 1-8-4 试样置于两平行
压板之间

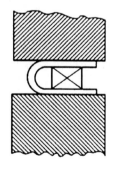

图 1-8-5 试样弯曲至
两臂平行

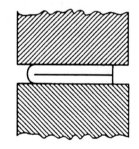

图 1-8-6 试样弯曲至两臂
直接接触

（5）试样弯曲至两臂直接接触的实验，应首先将试样进行初步弯曲（弯曲角度应尽可能大），然后将试样置于两平行压板之间，如图 1-8-4 所示，连续施加压力使其两端进一步弯曲，直至两臂直接接触，如图 1-8-6 所示。

（6）弯曲实验时，应缓慢施加弯曲力。

（7）实验结束后，取下试件。

实验 9

沥 青 实 验

沥青实验通常包括许多实验项目,这里主要介绍针入度、软化点和延度三项实验。

一、实验依据

本实验依据《沥青软化点测定法 环球法》(GB/T 4507—2014)、《沥青延度测定法》(GB/T 4508—2010)、《沥青针入度测定法》(GB/T 4509—2010)、《沥青取样法》(GB/T 11147—2010)、《重交通道路石油沥青》(GB/T 15180—2010)和《建筑石油沥青》(GB/T 494—2010)进行。

二、实验目的

通过实验更深刻地了解沥青的三大性能,即黏度、塑性和温度敏感性。掌握沥青三大指标的测定方法,能准确判定沥青的牌号。

三、实验取样

(1) 为检查沥青质量,装运前在生产厂或贮存地取样;当不能在生产厂或贮存地取样时,在交货地点当时取样。

(2) 液体沥青取样量为:常规检验取样量为 1 L(乳化沥青取为 4 L),从贮罐中取样为 4 L,从桶中取样为 1 L;固体或半固体样品取样量为 1~2 kg,并将取来的样品混合均匀后作为待检试样。

(3) 当沥青到达验收地点卸货时,应尽快取两份样品,一份样品用于验收实验,另一份样品留存备查。取来的样品必须放在带盖的密封金属容器内,尤其做好防水。

(4) 用于质量仲裁检验的样品,重复加热的次数不得超过两次(且加热时均应放入烘箱加热,不得用明火或电炉加热)。

实验 9-1　针入度实验

沥青针入度以标准针在一定的荷载、时间及温度条件下垂直穿入沥青试样的深度表示,单位为 1/10 mm。除非另行规定,标准针、针连杆与附加砝码的总质量为 (100 ± 0.05) g,温度为 (25 ± 0.1)℃,时间为 5 s。沥青针入度是确定沥青牌号的依据。

一、主要仪器设备

(1) 针入度仪:能使针连杆在无明显摩擦下垂直运动,并能指示针贯入深度,精确至 0.1 mm 的仪器均可使用。针连杆的质量为(47.5 ± 0.05)g,针和针连杆的总质量为(50 ± 0.05)g,另外仪器附有(50 ± 0.05)g 和(100 ± 0.05)g 的砝码各一个,可以组成(100 ± 0.05)g 和(200 ± 0.05)g 的荷载以满足实验所需的载荷条件。仪器设有放置平底玻璃保温皿的平台,并有调节水平的装置,针连杆应与平台相垂直。仪器设有针连杆制动按钮,使针连杆可自由下落。针连杆易于装拆,以便检查其质量。

(2) 标准针:应由硬化回火的不锈钢制成,钢号为 440-C 或等同的材料,洛氏硬度为 $54\sim60$,针长约 50 mm,长针长约 60 mm,所有针的直径为 $1.00\sim1.02$ mm。针的一端应磨成 $8.7°\sim9.7°$ 的锥形。锥形应与针体同轴,圆锥表面和针体表面交界线的轴向最大偏差不大于 0.2 mm,切屏的圆锥端直径应在 $0.14\sim0.16$ mm 之间,与针轴所成角度不超过 $2°$,切平的圆锥面的周边应锋利没有毛刺。圆锥表面粗糙度算术平均值应为 $0.2\sim0.3$ μm,针应装在一个黄铜或不锈钢的金属箍中。金属箍的直径为 (3.20 ± 0.05) mm,长度为 (38 ± 1)mm,针应牢固地装在箍里。针尖及针的任何其余部位均不得偏离箍轴 1 mm 以上。针箍及其附件总质量为(2.5 ± 0.05)g。可以在针箍的一端打孔或将其边缘磨平以控制质量。每个针箍上打印单独的标志号码。

(3) 盛样皿:应使用最小尺寸符合表 1-9-1 要求的金属或玻璃的圆柱形平底容器。

表 1-9-1 盛样皿最小尺寸

针入度范围/mm	直径/mm	深度/mm
小于 40	$33\sim55$	$8\sim16$
$40\sim200$	55	35
$200\sim350$	$55\sim75$	$45\sim70$
$350\sim500$	55	70

(4) 恒温水浴:容量不小于 10 L,控温的准确度为 $0.1℃$。水槽中应设有一带孔的搁架,位于水面下不得少于 100 mm,距水槽底不得少于 50 mm 处。

(5) 平底玻璃皿:容积不少于 350 mL,深度要没过最大的样品皿。内设有一个不锈钢三脚支架,能使盛样皿稳定。

(6) 温度计:液体玻璃温度计,刻度范围为$-8℃\sim55℃$分度值为 $0.1℃$。

(7) 秒表:精度 0.1 s。

(8) 其他:盛样皿盖(平板玻璃),三氯乙烯,电炉或砂浴、石棉网、金属锅或瓷把坩埚等。

二、试样制备

(1) 小心加热样品,不断搅拌以防局部过热,加热到使样品能够易于流动。加热时焦油沥青的加热温度不超过软化点 $60℃$,石油沥青不超过软化点 $90℃$,加热时间在保证样品充分流动的基础上尽量少。加热、搅拌过程中避免试样中进入气泡。

（2）将试样倒入预先选好的试样皿中，试样深度应至少是预计锥入深度的120%。如果试样皿的直径小于65 mm，而预计针入度高于200，每个实验条件都要倒样品。如果样品足够，浇筑的样品要达到试样皿边缘。

（3）将试样皿松松地盖住以防灰尘落入。在15～30℃的室温下，小的试样皿（φ33×16 mm）中的样品冷却45 min～1.5 h，中等的试样皿（φ55×35 mm）中的样品冷却1.0～1.5 h，较大的试样皿中的样品冷却1.5～2.0 h，冷却结束后将试样皿和平底玻璃皿一起放入测试温度下的水浴中，水面应没过试样表面10 mm以上，在规定的实验温度下恒温，小试样皿恒温45 min～1.5 h，中等试样皿恒温1.0～1.5 h，较大试样皿恒温1.5～2.0 h。

三、实验步骤

（1）调节针入度仪的水平，检查针连杆和导轨，确保上面没有水和其他物质。如果预测针入度超过350应选择长针，否则用标准针。先用合适的溶剂将针擦干净，然后将针插入针连杆中固定，按实验条件选择合适的砝码并放好砝码。

（2）如果测试时针入度仪是在水浴中，则直接将试样皿放在浸在水中的支架上，使试样完全浸在水中，如果实验时针入度仪不在水浴中，将已恒温到实验温度的试样皿放在平底玻璃皿中的三角支架上，用与水浴相同温度的水完全覆盖样品，将平底玻璃皿放置在针入度仪的平台上，慢慢放下针连杆，使针尖刚好接触到试样的表面，必要时用放置在合适位置的光源观察针头位置使针尖与水中针头的投影刚刚接触为止，轻轻拉下活杆，使其与针连杆顶端相接触，调节针入度仪上的表盘读数指零或归零。

（3）在规定时间内快速释放针连杆，同时启动秒表或计时装置，使标准针自由下落穿入沥青试样中，到规定时间使标准针停止移动。

（4）拉下活杆，再使其与针连杆顶端相接触，此时表盘指针的读数即为试样的针入度，或自动方式停止锥入，通过数据显示设备直接读出锥入深度数值，得到针入度，用1/10 mm表示。

（5）同一试样至少重复三次，各测试点间的距离和测试点与试样皿边缘的距离不应小于10 mm。每次实验前都应将试样和平底玻璃皿放入恒温水浴中，每次测定都要用干净的针。当针入度小于200时，可将针取下用合适的溶剂擦净后继续使用。当针入度超过200时，每个试样皿中扎一针，三个试样皿得到三个数据，或者每个试样至少用三根针，每次实验用的针留在试样中，直到三根针扎完时再将针从试样中取出，但是这样测得的针入度的最高值和最低值之差，不得超过表1-9-2中的规定。

表1-9-2 针入度的最高值和最低值之差

（单位：1/10 mm）

针入度	0～49	50～149	150～249	250～349	350～500
最大差值	2	4	6	8	20

四、结果计算

取三次测定结果的平均值,并取整,作为最终的针入度值。三次测定的针入度值相差不应大于表 1-9-2 中的数值。如果误差超过了规定的范围,则应重新取样重复实验。如果结果再次超过允许值,则取消所有的实验结果重新进行实验。

同一操作者在同一实验室用同一台仪器对同一样品测得的两次结果不超过平均值的 4%;不同操作者在不同实验室用同一类型的不同仪器对同一样品测得的两次结果不超过平均值的 11%。

实验 9-2　延 度 实 验

沥青的延度是反映沥青塑性的指标,是指沥青在一定的温度下抵抗外力作用的性能。它体现了沥青的抗变形性能。未经特殊说明,实验温度为 $(25\pm0.5)℃$,拉伸速度为 (5 ± 0.25) cm/min。

一、主要仪器设备

(1) 延度仪:将试件浸入水中,能保持规定的实验温度及按照规定的拉伸速度拉伸试件,且实验时无明显振动的延度仪均可使用。

(2) 模具:试件模具由黄铜制成,由 2 个弧形端模和 2 个侧模组成。

(3) 恒温水浴:容积至少为 10 L,能保持实验温度变化不大于 0.1℃。试件浸入水中深度不得小于 10 cm,水浴中设置带孔的搁架,搁架距水浴底不得少于 5 cm。

(4) 温度计:0~50℃,分度为 0.1℃和 0.5℃各一支。

(5) 隔离剂:两份甘油和一份滑石粉调制而成,以质量计。

(6) 支撑板:黄铜板,一面应磨光至表面粗糙度 R_a 为 0.63。

二、试样制备

(1) 先将模具组装在支撑板上,并将隔离剂拌和均匀,涂于支撑板表面,以防止沥青沾在模具上。板上的模具要水平放好,以便模具的底部能够充分与板接触。

(2) 小心加热样品,不断搅拌以防局部过热,加热到使样品能够易于流动。加热时焦油沥青的加热温度不超过软化点 60℃,石油沥青不超过软化点 90℃,加热时间在保证样品充分流动的基础上尽量少。将熔化后的样品充分搅拌之后倒入模具中,在组装模具时要小心,不要弄乱配件,在倒样时使试样呈细流状,自模的一端至另一端往返倒入,使试样略高出模具,试样在空气中冷却 30~40 min,然后放在规定温度的水浴中保持 30 min 取出,用热的直刀或铲将高出模具的沥青刮出,使试样与模具齐平。

(3) 将支撑板、模具和试件一起放入恒温水浴中,并在实验温度下保持 85~95 min,然后从板上取下试件,拆掉侧模,立即进行拉伸实验。

三、实验步骤

（1）将模具两端的孔分别套在实验仪器的柱上，然后以一定的速度拉伸，直到试件拉伸断裂。拉伸速度允许误差在±5%以内，测量试件从拉伸到断裂所经过的距离以"cm"表示。实验时，试件距水面和水底的距离不小于2.5 cm，并且要使温度保持在规定温度的±0.5℃范围内。

（2）如果沥青浮于水面或沉入槽底时，则测试不正常。应使用乙醇或氯化钠调整水的密度，使沥青材料既不浮于水面，也不沉入槽底。

（3）正常的实验应将试样拉成锥形或线形或柱形，直至在断裂时实际断裂横断面面积接近于零或一均匀断面。如果三次实验得不到正常结果，则报告在该条件下延度无法测定。

四、结果计算

以试样的拉伸长度来表示沥青的延度，以"cm"计。若三个试件测定值在其平均值的5%以内，取平行测定三个结果的平均值作为测定结果。若三个试件测定值不在其平均值的5%以内，但其中两个较高值在平均值的5%以内，则弃去最低测定值，取两个较高值的平均值作为测定结果，否则重新测定。

同一操作者在同一实验室用同一实验仪器对在不同时间同一样品进行实验得到的结果不超过平均值的10%；不同操作者在不同实验室用同一类型的仪器对同一样品进行实验得到的结果不超过平均值的20%。

实验9-3　软化点实验（环球法）

沥青的软化点是用以评价沥青材料的热敏感性，表征沥青处于黏塑态时的一种条件温度。软化点用于沥青材料分类，是沥青产品标准中的重要技术指标。环球法测定的沥青软化点范围为30～157℃。

一、主要仪器设备

（1）环：两只黄铜肩环或锥环，形状和尺寸详见《沥青软化点测定法　环球法》（GB/T 4507—2014）。

（2）支撑板：扁平光滑的黄铜板或瓷砖，其尺寸约为50 mm×75 mm。

（3）球：钢球两只，直径为9.5 mm。

（4）钢球定位器：两只，用于使钢球定位于试样中央。形状和尺寸详见《沥青软化点测定法　环球法》（GB/T 4507—2014）。

（5）浴槽：可以加热的玻璃容器，其内径不小于85 mm，离加热底部的深度不小于120 mm。

（6）环支撑架和组装：一只铜支撑架，用于支撑两个水平位置的环，其形状、尺寸和安装图形详见《沥青软化点测定法　环球法》(GB/T 4507—2014)。支撑架上的肩环的底部距离下支撑板的上表面为 25 mm，下支撑板的下表面距离浴槽底部为(16±3)mm。

（7）刀：用于切沥青用。

（8）温度计：测温范围在 30～180 ℃，最小分度值为 0.5 ℃的全浸式温度计。温度计应悬挂在支架上，使得水银球底部或测温点与环底部水平，其距离在 13 mm 以内，但不要接触环或支撑架。

二、实验材料

（1）加热介质：新煮沸过的蒸馏水或甘油。

（2）隔离剂：两份甘油和一份滑石粉调制而成，以质量计。适合 30～157 ℃的沥青材料。

三、试样制备

（1）样品的加热时间在不影响样品性质和在保证样品充分流动的基础上尽量短。石油沥青、改性沥青、天然沥青以及乳化沥青残留物加热温度不应超过预计沥青软化点 110 ℃，煤焦油沥青样品加热温度不应超过煤焦油沥青预计软化点 55 ℃。

（2）如果样品为相关方法得到的乳化沥青残留物或高聚物改性乳化沥青残留物时，可将其热残留物搅拌均匀后直接注入试模中。如果重复实验，不能重新加热样品，应在干净的容器中用新鲜样品制备试样。

（3）若估计软化点在 120～157 ℃之间，应将黄铜环与支撑板预热至 80～100 ℃，然后将黄铜环放到涂有隔离剂的支撑板上，否则会出现沥青试样从铜环中完全脱落的现象。

（4）向每个环中倒入略过量的沥青试样，让试件在室温下至少冷却 30 min。对于在室温下较软的样品，应将试件在低于软化点 10 ℃以上的环境中冷却 30 min。从开始倒试样时起至完成实验的时间不得超过 240 min。

（5）当试样冷却后，用稍加热的小刀或刮刀干净地刮去多余的沥青，使得每一个圆片饱满且和环的顶部齐平。

四、实验步骤

（1）选择加热介质和适合预计软化点的温度计或测温设备。

新煮沸过的蒸馏水适于软化点为 30～80 ℃的沥青，起始加热介质温度应为(5±1)℃。甘油适于软化点为 80～157 ℃的沥青，起始加热介质温度应为(30±1)℃。

（2）把仪器放在通风橱内并配置两个样品环、钢球定位器，并将温度计插入合适的位置，浴槽装满加热介质，并使各仪器处于适当位置。用镊子将钢球置于浴槽底部，使其同支架的其他部位达到相同的起始温度。

（3）如果有必要，将浴槽置于冰水中，或小心加热并维持适当的起始浴温达 15 min，并使仪器处于适当位置，注意不要玷污浴液。

（4）再次用镊子从浴槽底部将钢球夹住并置于定位器中。

（5）从浴槽底部加热使温度以恒定的速率 5 ℃/min 上升，为防止通风的影响有必要时可用保护装置，实验期间不能取加热速率的平均值，但在 3 min 后，升温速度达到 (5±0.5) ℃/min，若温度上升速率超过此限定范围，则此次实验失败。

（6）当包着沥青的钢球触及下支撑板时，分别记录温度计所显示的温度。无需对温度计的浸没部分进行校正。取两次温度的平均值作为沥青材料的软化点。当软化点在 30～157 ℃时，如果两个温度的差值超过 1 ℃，则重新实验。

五、结果计算

取两次结果的平均值作为实验结果，报告实验结果的同时也要报告浴槽中所使用的加热介质的种类。

因为软化点的测定是条件性的实验方法，对于给定的沥青试样，当软化点略高于 80 ℃时，水浴中测定的软化点低于甘油浴中测定的软化点。

第二部分　材料力学实验

实验 1

拉 伸 实 验

拉伸实验是材料力学最基本的实验,通过拉伸实验可以测出材料基本的力学性能参数,如弹性模量、强度、塑性等。拉伸实验通常选用典型的塑性材料——低碳钢和典型的脆性材料——铸铁作为标准试件。

一、实验目的

(1)了解实验设备万能材料实验机的构造和工作原理,掌握其操作规程及使用时的注意事项。

(2)测定低碳钢拉伸时的强度性能指标:屈服应力 σ_s 和抗拉强度 σ_b。

(3)测定低碳钢拉伸时的塑性性能指标:伸长率 δ 和断面收缩率 ψ。

(4)测定灰铸铁拉伸时的强度性能指标:抗拉强度 σ_b。

(5)观察以上两种材料在拉伸过程中的各种实验现象,绘制低碳钢和灰铸铁的 $F\text{-}\Delta$ 曲线和 $\sigma\text{-}\varepsilon$ 曲线。

(6)比较低碳钢(塑性材料)与铸铁(脆性材料)在拉伸时的力学性能和破坏形式。

二、实验设备和仪器

(1)电子万能实验机(或液压万能材料实验机)。

(2)游标卡尺。

(3)引伸计。

三、实验试样

按照《金属材料 拉伸试验 第1部分:室温实验方法》(GB/T 228.1—2010),金属拉伸试样的形状随着产品的品种、规格以及实验目的的不同,将拉伸试件分为圆形截面试样、矩形截面试样、异形截面试样和不经机加工的全截面形状试样四种。其中最常用的是圆形截面试样和矩形截面试样。

如图 2-1-1 所示,圆形截面试样和矩形截面试样均由平行段、过渡段和夹持段三部分组成。平行段部分的实验段长度 l 称为试样的标距,按试样的标距 l 与横截面面积 A 之间的关系,分为比例试样和定标距试样。圆形截面比例试样通常取 $l = 10d$ 或 $l = 5d$,矩形截面比例试样通常取 $l = 11.3\sqrt{A}$ 或 $l = 5.65\sqrt{A}$,其中,前者称为长比例试样(简称长试样),后者称为短比例试样(简称短试样)。定标距试样的 l 与 A 之间无上述比例关系。过渡部分以圆弧与平行部分光滑地连接,以保证试样断裂时的断口在平行部分。夹持部分稍大,其形状和尺寸根据试样大小、材料特性、实验目的以及万能实验机的夹具结构进行设计。

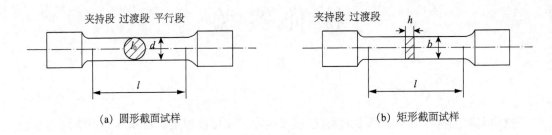

$$\text{(a) 圆形截面试样} \qquad\qquad \text{(b) 矩形截面试样}$$

图 2-1-1　拉伸试件的截面形式

按《金属材料　拉伸试验　第 1 部分：室温实验方法》(GB/T 228.1—2010)的规定,比例试样的有关尺寸如表 2-1-1 所示。

表 2-1-1　比例样式的有关尺寸

试件		标距长度 l /mm		横截面积 A_0 /mm	圆形试样直径	表示延伸率的符号
比例	长	$11.3\sqrt{A_0}$	$10d$	任意	任意	δ_{10}
	短	$5.65\sqrt{A_0}$	$5d$			δ_5

表中 d 表示试件标距部分的原始直径, δ_{10}、δ_5 分别表示标距长度 l 为 d 的 10 倍或 5 倍的试件延伸率。

四、实验原理与方法

1. 塑性材料(低碳钢)弹性模量 E 的测试

在弹性范围内,大多数材料皆服从胡克定律,即材料的荷载与变形成正比。在杆件的纵向方向,有 $\sigma = E\varepsilon$,应力与应变的比例常数就是材料的弹性模量 E ,也叫杨氏模量。因此,金属材料拉伸时弹性模量 E 的测定是材料力学最主要也是最基本的一个实验。

一般采用比例极限内的拉伸实验来测定材料弹性模量 E 。材料在比例极限内服从胡克定律,其荷载与变形关系为:

$$\Delta L = \frac{\Delta F L_0}{E A_0} \qquad\qquad (2\text{-}1\text{-}1)$$

若已知载荷 ΔF 及试件尺寸,只要测得试件伸长 ΔL 或纵向应变即可得出弹性模量 E 。

$$E = \frac{\Delta F L_0}{\Delta L A_0} = \frac{\Delta F}{A_0} \cdot \frac{1}{\Delta \varepsilon} \qquad\qquad (2\text{-}1\text{-}2)$$

本实验采用引伸计测定,在试样预拉后,试样处于弹性阶段,将引伸计夹持在试样的中部,待弹性模量 E 测量完毕后,此时试样处于弹性阶段末或屈服阶段,继续进行塑性材料的拉伸实验,不间断。

2. 塑性材料的拉伸

如图 2-1-2 所示是典型的低碳钢拉伸图。

(1) 弹性阶段(OB'段)

当试样开始受力时,其夹持部分在夹头内有滑动,拉伸图中开始阶段的曲线斜率较小,但它并不反映真实的载荷-变形关系;当载荷加大后,滑动消失,材料进入弹性阶段。

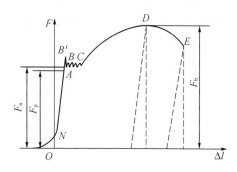

图 2-1-2　低碳钢拉伸图

(2) 屈服阶段($B'C$ 段)

当低碳钢进入屈服阶段,其拉伸图通常为较为水平的锯齿状(图中的 $B'C$ 段),与最高载荷 B' 对应的应力称为上屈服极限,由于它受变形速度的影响较大,一般不作为材料的强度指标。同样,屈服后第一次下降的最低点也不作为材料的强度指标。除此之外的其他最低点中的最小值(B 点)作为屈服强度 σ_s:屈服应力(屈服点)是指试样在拉伸过程中载荷不增加而变形持续增加时的载荷(即屈服载荷)F_a 除以原始横截面面积 A_0 所得的应力值,即

$$\sigma_s = \frac{F_a}{A_0} \tag{2-1-3}$$

对于典型的塑性材料——低碳钢来说,其拉伸曲线具有明显的屈服阶段,屈服时的曲线如图 2-1-3(a)所示,其中 $F_{s上}$ 叫做上屈服载荷,与锯齿状曲线段最低点相应的最小载荷 $F_{s下}$ 叫下屈服载荷。但有些塑性材料,屈服时的 F-Δ 曲线基本上是一个平台的曲线而不是呈现出锯齿形状,如图 2-1-3(b)所示。试样进入屈服阶段后,会发生轻微抖动。

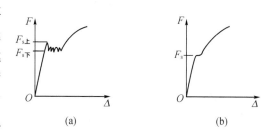

图 2-1-3　不同钢材的屈服图

(3) 强化阶段(CD 段)

当屈服阶段结束后(C 点),继续加载,材料进入强化阶段。这时载荷-变形曲线将开始上升,材料进入强化阶段,试件的外表面约 45°位置处出现轻微划痕,横向尺寸有所缩小。

若在这一阶段的某一点(如 D 点)卸载至零,则可以得到一条与比例阶段曲线部分基本平行的卸载曲线。若此时立即再加载,则加载曲线沿原卸载曲线上升到 D 点,以后的曲线基本与未经卸载的曲线重合。可见经过加载、卸载这一过程后,材料的比例极限和屈服极限提高了,但延伸率即材料的塑性性能降低了,这就是冷作硬化。

试样处于强化阶段时,拉伸曲线最高点(D 点)对应的应力即为材料的强度极限 σ_b——试样在拉断前所承受的最大载荷 F_b 除以原始横截面面积 A_0 所得的应力值,即

$$\sigma_b = \frac{F_b}{A_0} \tag{2-1-4}$$

（4）颈缩阶段（*DE* 段）

随着载荷的继续加大，拉伸曲线不再上升，当载荷达到最大载荷后，此时可以看到，在试样的某一部位局部变形加快，出现颈缩现象，而且发展很快，载荷也随之下降，迅速到达 *E* 点后，试样断裂。

当载荷超过弹性极限时，就会产生塑性变形。金属的塑性变形主要是材料晶面产生了滑移，是由剪应力引起的。描述材料塑性的指标有材料断裂后的延伸率 δ 和截面收缩率 ψ。

$$延伸率 \quad \delta = \frac{l_1 - l_0}{l_0} \times 100\% \quad (2-1-5)$$

$$截面收缩率 \quad \psi = \frac{A_0 - A_1}{A_0} \times 100\% \quad (2-1-6)$$

式中，l_0、l_1 和 A_0、A_1 分别是断裂前后试样标距的长度和截面积。

试样的塑性变形集中产生在颈缩处，并向两边逐渐减小。因此，断口的位置不同，标距 *l* 部分的塑性伸长也不同。若断口在试样的中部，发生严重塑性变形的颈缩段全部在标距长度内，标距长度就有较大的塑性伸长量；若断口距标距端很近，则发生严重塑性变形的颈缩段只有一部分在标距长度内，另一部分在标距长度外，在这种情况下，标距长度的塑性伸长量就小。因此，断口的位置对所测得的伸长率有影响。为了避免这种影响，现行国家标准（GB/T 228.1—2010）对 l_1 的测定作了如下规定（如图 2-1-4 所示）。

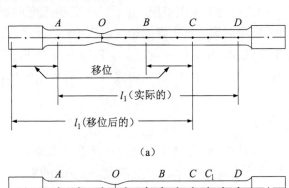

（a）

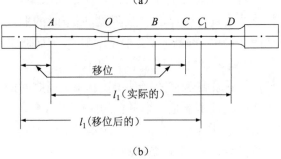

（b）

图 2-1-4　测 l_1 的移位法

直接法：实验前，将试样的标距分成十等份。若断口到邻近标距端的距离大于 $l/3$，则可直接测量标距两端点之间的距离作为 l_1。

移位法：若断口到邻近标距端的距离小于或等于 $l/3$，则应采用移位法（亦称为补偿法或断口移中法）测定：仍将试样的标距分成十等份，在长段上从断口 *O* 点起，取长度基本上等于短段格数的一段，得到 *B* 点，再由 *B* 点起，若所余格数为偶数，则取长段剩余格数的一半，得到 *C* 点；若所余格数为奇数，则分别取剩余格数加 1 和减 1 的一半，得到 *C*、C_1 点，那么移位后的 l_1 分别为：

$$l_1 = \overline{AO} + \overline{OB} + 2\,\overline{BC} \quad 或 \quad l_1 = \overline{AO} + \overline{OB} + \overline{BC} + \overline{BC_1} \quad (2-1-7)$$

测量时，两段在断口处应紧密对接，尽量使两段的轴线在一条直线上。若在断口处形成缝隙，则此缝隙应计入 l_1 内。

如果断口在标距以外,或者虽在标距之内,但距标距端点的距离小于 $2d$,则实验无效。

3. 脆性材料的拉伸

脆性材料在拉伸过程中,当变形很小时就会断裂,$F\text{-}\Delta$ 曲线上的最大载荷 F_b 除以原始横截面面积 A_0 所得的应力值即为抗拉强度 σ_b,即

$$\sigma_b = \frac{F_b}{A_0} \qquad\qquad (2\text{-}1\text{-}8)$$

五、实验步骤

1. 塑性材料的拉伸(圆形截面低碳钢)

(1)确定标距

根据表 2-1-1 的规定,选择适当的标距(这里以 $10d$ 作为标距 l),并测量 l 的实际值。试件标距长度 l 除了要根据圆试样的直径 d_0 来确定外,还应将其化到 5 mm 或 10 mm 的倍数。小于 1.5 mm 的数值舍去;等于或大于 1.5 mm 但小于 7.5 mm 者化整为 5 mm;等于或大于 7.5 mm 者进为 10 mm。为了便于测量 l_1,将标距均分为若干格,如 10 格。

(2)试样的测量

圆形截面试样测量方法:用游标卡尺在试样标距的两端和中央的三个截面上测量直径,每个截面在互相垂直的两个方向各测一次,取其平均值,并取三个平均值中最小者作为计算截面积的直径 d_0,并计算出 A_0 值。

(3)仪器设备的准备

根据材料的强度极限和截面积 A_0 估算试件所能承受的最大载荷 F_{max},根据 F_{max} 选择万能实验机测试量程(也称载荷级),接通设备电源,并开启微机控制部分,建立实验编号,设置参数,并调零。

(4)安装试件

按照万能实验机操作步骤调整实验机,安装试件,把试样安装在万能实验机的上、下夹头之间,先安装上夹头部分,并只安装夹持段的四分之三,再使用手控盒移动下夹头,使其达到适当的位置,将试样另一夹持段的四分之三安装至下夹头,并把试件下端夹紧,必要时用手晃动以确定试件的稳定性。

打开绘图软件界面,选择实验方案与实验参数,将荷载与变形值调零,同时启动软件控制键和油压控制键,匀速缓慢加载,使试件的变形匀速增长,观察试样的屈服现象和颈缩现象,直至试样被拉断为止,保存绘图结果,并分别记录 $F\text{-}\Delta$ 曲线中的最小载荷 F_a 和最大载荷 F_b,卸载。

2. 脆性材料的拉伸(圆形截面铸铁)

铸铁等脆性材料拉伸时的载荷-变形曲线不像低碳钢拉伸那样明显地分为弹性、屈服、颈缩和断裂四个阶段,而是一根接近直线的曲线,且载荷没有下降段(如图 2-1-5 所示)。它是在非常小的变形下突然断裂的,断裂后几乎测不到残余变形。因此,测试它的 σ_s、δ、ψ 就没有实际意义,只要测定它的强度极限 σ_b 就可以了。

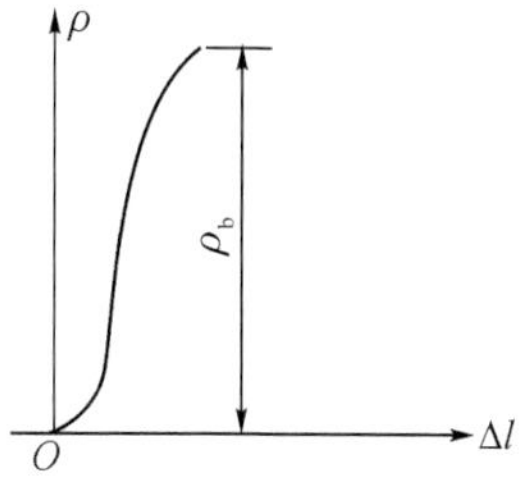

图 2-1-5　铸铁拉伸图

（1）测量试样的尺寸，方法同低碳钢试件。

（2）按照所需量程选择合适的万能实验机，把试样安装在万能实验机的上、下夹头之间，开启绘图软件并选择合适的实验方案和实验参数，调零。

（3）同时开动万能实验机油压控制键和绘图软件控制键，匀速缓慢加载直至试样被拉断为止，记录 $F\text{-}\Delta$ 曲线上的最大载荷 F_b，据此可算得强度极限 σ_b。

$$\sigma_b = \frac{F_b}{A_0} \tag{2-1-9}$$

3. 拉伸实验结果的计算精确度

（1）强度性能指标（屈服应力 σ_s 和抗拉强度 σ_b）的计算精度要求为 0.5 MPa，即：凡小于 0.25 MPa 的数值舍去，大于等于 0.25 MPa 而小于 0.75 MPa 的数值化为 0.5 MPa，大于等于 0.75 MPa 的数值者则进为 1 MPa。

（2）塑性性能指标（伸长率 δ 和断面收缩率 ψ）的计算精度要求为 0.5%，即：凡小于 0.25% 的数值舍去，大于等于 0.25% 而小于 0.75% 的数值化为 0.5%，大于等于 0.75% 的数值则进为 1%。

六、实验数据的记录与计算

1. 测定低碳钢拉伸时的强度和塑性性能指标（表 2-1-2）

表 2-1-2　测定低碳钢拉伸时的强度和塑性性能指标实验的数据记录与计算表

试样尺寸	实验数据
实验前： 　标距 $l =$　　　　mm 　直径 $d =$　　　　mm 实验后： 　标距 $l_1 =$　　　　mm 　最小直径 $d_1 =$　　　　mm	屈服载荷 $F_s =$　　　　kN 最大载荷 $F_b =$　　　　kN 屈服应力 $\sigma_s = F_s/A =$　　　　MPa 抗拉强度 $\sigma_b = F_b/A =$　　　　MPa 伸长率 $\delta = (l_1 - l)/l \times 100\% =$ 断面收缩率 $\psi = (A - A_1)/A \times 100\% =$
拉断后的试样草图	试样的拉伸图
试样的应力-应变曲线（$\sigma\text{-}\varepsilon$ 曲线）	

2. 测定灰铸铁拉伸时的强度性能指标(表 2-1-3)

表 2-1-3　测定灰铸铁拉伸时的强度性能指标实验的数据记录与计算

试样尺寸	实验数据
实验前： 　　直径 $d =$ 　　　　mm	最大载荷 $F_b =$ 　　　　kN 抗拉强度 $\sigma_b = F_b/A =$ 　　　　MPa
拉断后的试样草图	试样的拉伸图
试样的应力-应变曲线(σ-ε 曲线)	

七、注意事项

（1）实验时必须严格遵守实验设备和仪器的各项操作规程,严禁开"快速"挡加载。开动万能实验机后,操作者不得离开工作岗位,实验中如发生故障应立即停机。

（2）加载时速度要均匀缓慢,防止冲击。

实验 2

压 缩 实 验

一、实验目的

(1) 测定低碳钢压缩时的强度性能指标：屈服应力 σ_s。

(2) 测定灰铸铁压缩时的强度性能指标：抗压强度 σ_{bc}。

(3) 绘制低碳钢和灰铸铁的压缩图，比较低碳钢与灰铸铁压缩时的变形特点和破坏形式。

二、实验设备和仪器

(1) 电子万能材料实验机(或液压万能材料实验机)。

(2) 游标卡尺。

三、实验试样

按照《金属材料　室温压缩试验方法》(GB/T 7314—2017)，金属压缩试样的形状随着产品的品种、规格以及实验目的的不同而分为圆柱体试样、正方形柱体试样和矩形板试样三种。其中最常用的是圆柱体试样和正方形柱体试样，如图 2-2-1 所示。根据实验的目的，对试样的标距 l 作如下规定：

$l = (1 \sim 2)d$ 的试样仅适用于测定 σ_{bc}；

$l = (2.5 \sim 3.5)d$（或 b）的试样适用于测定 σ_{pc}、σ_{sc} 和 σ_{bc}；

$l = (5 \sim 8)d$（或 b）的试样适用于测定 $\sigma_{pc0.01}$ 和 E_c。

其中 d（或 b）$= 10 \sim 20$ mm。

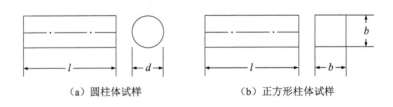

（a）圆柱体试样　　　　　　　　（b）正方形柱体试样

图 2-2-1　压缩试样

对试样的形状、尺寸和加工的技术要求参见《金属材料　拉伸试验　第 1 部分：室温实验方法》(GB/T 228.1—2010)。

四、实验原理与方法

1. 测定低碳钢压缩时的强度性能指标

低碳钢在压缩过程中,当应力小于屈服应力时,其变形情况与拉伸时基本相同。当达到屈服应力后,试样产生塑性变形,随着压力的继续增加,试样的横截面面积不断变大直至被压扁。故只能测其屈服载荷 F_s,屈服应力为

$$\sigma_s = \frac{F_s}{A} \tag{2-2-1}$$

式中,A 为试样的原始横截面面积。

2. 测定灰铸铁压缩时的强度性能指标

灰铸铁在压缩过程中,当试样的变形很小时即发生破坏,故只能测其破坏时的最大载荷 F_{bc},抗压强度为

$$\sigma_{bc} = \frac{F_{bc}}{A} \tag{2-2-2}$$

五、实验步骤

(1) 用游标卡尺量出试件的直径 d 和高度 h。用游标卡尺在试样的中间截面相互垂直的方向上各测量一次直径,取其平均值作为计算直径;用游标卡尺在试样的高度方向相互垂直的不同位置处各测量一次高度,取其平均值作为计算高度。

(2) 根据低碳钢或铸铁的压缩极限 σ_b 估计所需最大载荷,选择相应量程的万能实验机,开启配置电脑,打开绘图软件,输入相应参数并调零。

(3) 调整万能实验机,将试样放进万能实验机的上、下承垫之间,并检查对中情况,必要时在试件与上下压头接触处涂少量蜡油,以减少摩擦。

(4) 开动万能实验机,当试件接近于上压头时,速度应该放慢,以免造成冲击。

对低碳钢试件应注意观察屈服现象,并记录下屈服载荷 F_s。其越压越扁,压到一定程度即可停止实验。

对于铸铁试件,应压到破坏为止,记下最大载荷 F_b。

(5) 卸下试件,观察试样的变形和破坏情况。

六、实验数据的记录与计算(表 2-2-1)

表 2-2-1　测定低碳钢和灰铸铁压缩时的强度性能指标实验的数据记录与计算

材料	试样直径 d/mm	实验数据		实验后的试样草图	试样的压缩图
低碳钢		屈服载荷 $F_s =$	kN		
		屈服应力 $\sigma_s = \dfrac{F_s}{A} =$	MPa		

（续表）

材料	试样直径 d/mm	实验数据	实验后的试样草图	试样的压缩图
灰铸铁		最大载荷 $F_{bc}=$ kN 抗压强度 $\sigma_{bc}=\dfrac{F_{bc}}{A}=$ MPa		

七、注意事项

（1）加载速度要均匀缓慢，特别是当试件即将开始受力时，要注意控制好速度，否则易发生实验失败甚至损坏机器。

（2）铸铁压缩时，不要靠近试件观看，以免试件破坏时有碎屑飞出伤眼。试件破坏后，应及时卸载，以免压碎。

实验3

剪 切 实 验

对于以剪断为主要破坏形式的零件,进行强度计算时,引用了受剪面上工作剪应力均匀分布的假设,并且除剪切外,不考虑其他变形形式的影响。这当然不符合实际情况。为了尽量降低此种理论与实际不符的影响,作了如下规定:这类零件材料的抗剪强度,必须在与零件受力条件相同的情况下进行测定。此种实验,叫做直接剪切实验。

一、实验目的

测定低碳钢的剪切强度极限 τ_b,观察试样破坏情况。

二、设备与实验原理

实验所用设备,主要是万能实验机和剪切器。万能实验机,前面作过介绍,因此,这里只介绍剪切器的构造与实验原理。

剪切器如图 2-3-1 所示,剪切器纵剖面如图 2-3-2 所示。安装时将圆柱形试样 A 按图示情况插入剪切器,用万能实验机对剪切器施加载荷 P,随着载荷 P 的增加,受剪面处的材料经过弹性、屈服等阶段,最后沿受剪面发生剪断裂。

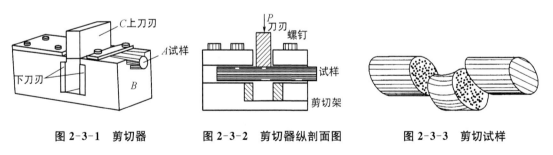

图 2-3-1　剪切器　　　　图 2-3-2　剪切器纵剖面图　　　　图 2-3-3　剪切试样

取出剪断了的三段试样,可以观察到两种现象。一种现象是这三段试样略带些弯曲,如图 2-3-3 所示。

它表明:尽管试样是剪断的,但试样承受的作用却不是单纯的剪切,而是既有剪切也有弯曲,不过以剪切为主。另一种现象是断口明显地区分为两部分:平滑光亮部分与纤维状部分。断口的平滑光亮部分,是在屈服过程中形成的。在这个过程中,受剪面两侧的材料有较大的相对滑移却没有分离,滑移出来的部分与剪切器是密合接触的,因而磨成了光亮面。断口的纤维部分,是在剪断裂发生的瞬间形成的。在此瞬间,由于受剪面两侧材料又有较大的相对滑移,未分离的截面面积已缩减到不能再继续承担外力,于是产生了突然性的剪断裂。剪断裂是滑移型断裂,纤维状断口正是这种断裂的特征。

三、实验步骤

（1）测量试样截面尺寸。测量部位应在受剪面附近，测量误差应不大于 1%。这就是说，如果试样的公称直径为 10 mm，量具的最小读数即精度不大于 10 mm×1%＝0.1 mm。

（2）选择实验机及所用量程。根据材料性质和试样横截面面积估计破坏所需的最大载荷 P_b，据此选择实验机及所用量程。

（3）安装剪切器及试样，测读破坏载荷。按常规调整好实验机之后，将试样装入剪切器并将剪切器置于实验机活动平台的球面座垫上（注意对中要正确）。开动机器加载直到试样剪断，读取破坏载荷。加载过程中最好利用自动绘图器观察大致的载荷-变形关系，结合示力指针前进情况，看能不能粗略地判定试样开始进入全面屈服时的载荷。

（4）实验完毕，做好常规的清理工作，填写实验报告。

圆轴扭转实验

扭转实验是了解材料抗剪性能的一项基本实验。本实验主要测定两种典型材料——低碳钢和灰铸铁受扭转时的机械性能,并绘制扭矩-扭角图,比较它们的破坏现象及原因。

在扭转实验过程中,试件的断面形状和尺寸几乎一直不变,无缩颈现象,变形较均匀,可比较准确地测定试件变形及瞬时破坏应力。

关于扭转实验的要求及试件尺寸,可参阅国家标准《金属材料　室温扭转试验方法》(GB/T 10128—2007)的规定。

一、实验目的

(1) 测定低碳钢扭转时的强度性能指标:扭转屈服应力 τ_s 和抗扭强度 τ_b。

(2) 测定灰铸铁扭转时的强度性能指标:抗扭强度 τ_b。

(3) 绘制低碳钢和灰铸铁的扭转图。

(4) 观察低碳钢和灰铸铁的扭转断口情况,并分析其原因。

二、实验设备和仪器

(1) 扭转实验机(微机控制扭转实验机)。

(2) 游标卡尺。

三、实验试样

按照国家标准《金属材料　室温扭转试验方法》(GB/T 10128—2007),金属扭转试样的形状随着产品的品种、规格以及实验目的的不同而分为圆柱形截面试样和管形截面试样两种。其中最常用的是圆柱形截面试样,如图 2-4-1 所示。通常,圆柱形截面试样的直径 $d = 10\ mm$,标距 $l = 5d$ 或 $l = 10d$,平行部分的长度为 $l + 20\ mm$。若采用其他直径的试样,其平行部分的长度应为标距加上两倍直径。试样头部的形状和尺寸应适合扭转实验机的夹头夹持。

由于扭转实验时,试样表面的剪应力最大,试样表面的缺陷将敏感地影响实验结果,所以,对扭转试样的表面粗糙度的要求要比拉伸试样的高。对扭转试样的加工技术要求参见国家标准(GB/T 10128—2007)。

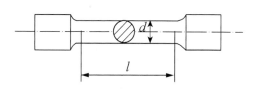

图 2-4-1　圆柱形截面扭转试样

四、实验原理与方法

目前扭转实验的测定有普通扭转实验机和微机控制式扭转实验机。

(一) 普通扭转实验机

1. 测定低碳钢扭转时的强度性能指标

试样在外力偶矩的作用下,其上任意一点处于纯剪切应力状态。随着外力偶矩的增加,测矩盘上的指针会出现停顿,这时指针所指示的外力偶矩的数值即为屈服力偶矩 M_{es},低碳钢的扭转屈服应力为:

$$\tau_s = \frac{3}{4} \frac{M_{es}}{W_p} \tag{2-4-1}$$

式中,$W_p = \pi d^3/16$ 为试样在标距内的抗扭截面系数。

在测出屈服扭矩 T_s 后,改用电动加载,直到试样被扭断为止。测矩盘上的从动指针所指示的外力偶矩数值即为最大力偶矩 M_{eb},低碳钢的抗扭强度为:

$$\tau_b = \frac{3}{4} \frac{M_{eb}}{W_p} \tag{2-4-2}$$

对上述两公式的来源说明如下:

低碳钢试样在扭转变形过程中,利用扭转实验机上的自动绘图装置绘出的 M_e-φ 图如图 2-4-2 所示。当达到图中 A 点时,M_e 与 φ 成正比的关系开始破坏,这时,试样表面处的切应力达到了材料的扭转屈服应力 τ_s,如能测得此时相应的外力偶矩 M_{ep},如图 2-4-3(a)所示,则扭转屈服应力为:

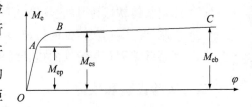

图 2-4-2 低碳钢的扭转图

$$\tau_s = \frac{M_{ep}}{W_p} \tag{2-4-3}$$

经过 A 点后,横截面上出现了一个环状的塑性区,如图 2-4-3(b)所示。若材料的塑性很好,且当塑性区扩展到接近中心时,横截面周边上各点的切应力仍未超过扭转屈服应力,此时的切应力分布可简化成图 2-4-3(c)所示的情况,对应的扭矩 T_s 为:

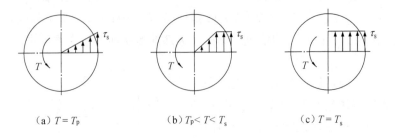

(a) $T = T_p$ (b) $T_p < T < T_s$ (c) $T = T_s$

图 2-4-3 低碳钢圆柱形试样扭转时横截面上的切应力分布

$$T_s = \int_0^{d/2} \tau_s \rho 2\pi\rho \mathrm{d}\rho = 2\pi\tau_s \int_0^{d/2} \rho^2 \,\mathrm{d}\rho = \frac{\pi d^3}{12}\tau_s = \frac{4}{3}W_p\tau_s \qquad (2\text{-}4\text{-}4)$$

由于 $T_s = M_{es}$，因此，由上式可以得到：

$$\tau_s = \frac{3}{4}\frac{M_{es}}{W_p} \qquad (2\text{-}4\text{-}5)$$

无论从测矩盘上指针前进的情况，还是从自动绘图装置所绘出的曲线来看，A 点的位置不易精确判定，而 B 点的位置则较为明显。因此，一般均根据由 B 点测定的 M_{es} 来求扭转切应力 τ_s。当然这种计算方法也有缺陷，只有当实际的应力分布与图 2-4-3(c) 完全相符合时才是正确的，对塑性较小的材料差异是比较大的。从图 2-4-2 可以看出，当外力偶矩超过 M_{es} 后，扭转角 φ 增加很快，而外力偶矩 M_{ep} 增加很小，BC 近似于一条直线。因此，可认为横截面上的切应力分布如图 2-4-3(c) 所示，只是切应力值比 τ_s 大。根据测定的试样在断裂时的最大外力偶矩 M_{eb}，可求得抗扭强度为：

$$\tau_b = \frac{3}{4}\frac{M_{eb}}{W_p} \qquad (2\text{-}4\text{-}6)$$

2. 测定灰铸铁扭转时的强度性能指标

对于灰铸铁试样，只需测出其承受的最大外力偶矩 M_{eb}，抗扭强度为：

$$\tau_b = \frac{M_{eb}}{W_p} \qquad (2\text{-}4\text{-}7)$$

由上述扭转破坏的试样可以看出：低碳钢试样的断口与轴线垂直，表明破坏是由切应力引起的；而灰铸铁试样的断口则沿螺旋线方向与轴线约成 45°角，表明破坏是由拉应力引起的。

（二）微机控制式扭转实验机

1. 低碳钢圆截面试件

低碳钢圆截面试件扭转时，其尺寸和形式视实验机而定。在弹性范围内，扭矩 T 与扭转角 φ 为直线关系 [图 2-4-4(a)]。

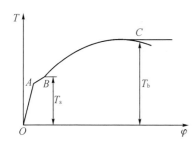
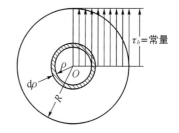

（a）低碳钢扭转时的 $T\text{-}\varphi$ 曲线　　（b）低碳钢扭转时横截面在全屈服下的应力分布

图 2-4-4　低碳钢扭转时的 $T\text{-}\varphi$ 曲线及全屈服下的应力分布

当扭矩超过比例极限扭矩 T_p 时，曲线变弯并逐渐趋于水平。在屈服阶段时，扭角增加而扭矩不增加，此时的扭矩即为屈服扭矩 T_s。屈服后，圆截面上的剪应力，由边缘向中心将逐步增大到扭转屈服极限 τ_s [图 2-4-4(b)]，即截面材料处于全屈服状态，由此，可以求得材料的剪切屈服极限为：

$$\tau_s = \frac{3T_s}{4W_p} \left(其中 W_p = \frac{\pi d^3}{16} \right) \tag{2-4-8}$$

此后，扭转变形继续增加，试件扭矩又继续上升至 C 点，试件被剪断，记下破坏扭矩 T_b，扭转强度极限 τ_b 为：

$$\tau_b = \frac{3T_b}{4W_p} \tag{2-4-9}$$

2. 灰铸铁圆截面试件

灰铸铁受扭时，T-φ 曲线如图 2-4-5 所示。从开始受扭，直到破坏，近似为一条直线，故其强度极限 τ_b 可按线弹性应力公式计算如下：

$$\tau_b = \frac{T_b}{W_p} \tag{2-4-10}$$

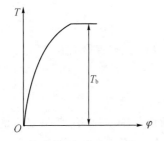

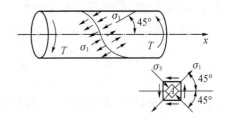

图 2-4-5　灰铸铁扭转时的 T-φ 曲线　　　图 2-4-6　灰铸铁扭转时沿 45°斜截面的应力

材料在纯剪切时，横截面上受到切应力作用，而与杆轴成 45°螺旋面上，分别受到拉应力 $\sigma_1 = \tau$ 和压应力 $\sigma_3 = -\tau$ 的作用（图 2-4-6）。

低碳钢的抗拉能力大于抗剪能力，故试件沿横面剪断[图 2-4-7(a)]，而灰铸铁抗拉能力小于抗剪能力，故沿 45°方向拉断[图 2-4-7(b)]。

（a）低碳钢扭转破坏　　　　　　　　　（b）灰铸铁扭转破坏

图 2-4-7　试样破坏形式

五、实验步骤

1. 测定低碳钢扭转时的强度性能指标

（1）测量试样的直径：在试样的标距部分测量 3 个截面，每个截面互相垂直的方向测量两次，用其中最小截面的平均直径计算 W_p。

（2）将试样安装到扭转实验机上，试样对中、夹紧，对普通扭转实验机：选择合适的测矩盘和相应的摆锤，调整好测矩盘的指针，使之对准"0"，并将从动指针与之靠拢，同时调整好自动绘图装置。对微机控制扭转实验机：启动计算机控制程序，设置参数，力矩及转角计数器调零。

（3）开始实验。

普通扭转实验机：用手摇柄均匀缓慢加载，注意观察测矩盘上的指针，若指针停止转动，则表明整个材料发生屈服，记录下此时的外力偶矩 W_{es}；改用电动快速加载，直至试样被扭断为止，关闭扭转实验机，由从动指针读取最大外力偶矩 M_{eb}。

微机控制扭转实验机：试样整体屈服前用慢速，速度应在 $6°/\text{min} \sim 30°/\text{min}$ 的范围内，强化后可提高加载速度，实验中观察 $T\text{-}\varphi$ 曲线的生成过程，及时记录屈服扭矩 T_s 和断裂时的最大扭矩 T_b 及断裂时的相对扭转角 φ。

（4）绘制试件破坏形状图。

2. 测定灰铸铁扭转时的强度性能指标

（1）测量试样的直径：在试样的标距部分测量 3 个截面，每个截面互相垂直的方向测量两次，取其中最小截面的平均直径。

（2）将试样安装到扭转实验机上，开始实验，方法同低碳钢扭转实验。

（3）加载至试样被扭断，关闭扭转实验机，绘制试件破坏形状图。

六、实验数据记录与计算

测定低碳钢和灰铸铁扭转时的强度性能指标实验的数据记录与计算表如表 2-4-1 所示。

表 2-4-1　测定低碳钢和灰铸铁扭转时的强度性能指标实验的数据记录与计算

材料	低　碳　钢	灰　铸　铁
试样尺寸	直径 $d =$　　　　mm	直径 $d =$　　　　mm
实验后的试样草图		
实验数据	屈服扭矩 $T_s =$　　　　N·m 最大扭矩 $T_b =$　　　　N·m 扭转屈服应力 $\tau_s = 0.75T_s/W_p =$　　　MPa 抗扭强度 $\tau_b = 0.75T_b/W_p =$　　　MPa	最大扭矩 $T_b =$　　　　N·m 抗扭强度 $\tau_b = T_b/W_p =$　　　MPa
试样的扭转图		

七、注意事项

（1）均匀缓慢地加载扭矩。

（2）若要变换扭矩测量范围，要在加载前停机进行；若要调整机器转速，也要停机进行，以免损坏传动齿轮。

剪切弹性模量 G 的测定

一、实验目的

（1）测定低碳钢材料的剪切弹性模量 G。

（2）验证材料受扭时在比例极限内的剪切胡克定律。

二、实验原理

圆轴受扭时，材料处于纯剪切应力状态。在比例极限范围内，材料的剪应力 τ 与剪应变 γ 成正比，即满足剪切胡克定律：

$$\tau = G\gamma \tag{2-5-1}$$

由材料力学可知，圆轴受扭时的胡克定律表达式：

$$\phi = \frac{TL_0}{GI_p} \tag{2-5-2}$$

式中，T 为扭矩，L_0 是试件的标距长度，I_p 为圆截面的极惯性矩。

通过扭转实验机，对试件采用"增量法"逐级增加同样大小的扭矩 ΔT，相应地由扭角仪测出相距为 L_0 的两个截面之间的相对扭转角增量 $\Delta\phi_i$。如果每一级扭矩增量所引起的扭转角增量 $\Delta\phi_i$ 基本相等，这就验证了剪切胡克定律。根据测得的各级扭转角增量的平均值 $\Delta\phi$，可用下式算出剪切弹性模量 G 为：

$$G = \frac{\Delta T \cdot L_0}{\Delta\phi \cdot I_p} \tag{2-5-3}$$

三、实验设备和量具

（1）扭转实验机。

（2）游标卡尺。

（3）扭角仪和千分表。

低碳钢在弹性范围内，两截面间的相对扭转角是非常微小的，用扭转实验机上的测角装置是难以精确测读的。需要具有放大功能、精度高的专门仪器，这种仪器一般称为扭角仪。

扭角仪的种类很多，按其结构来分，有机械式、光学式和电子式等。但它们的基本原理是相同的，都是将试件某截面圆周绕其形心旋转的弧长与其另一截面圆周绕其形心旋转的弧长之差进行放大后再测读。

如图 2-5-1 所示的是一种机械式扭角仪。在试件的 A、B 两截面处(A、B 两截面的间距等于测量标距 L_0),分别装上了扭角仪的两根臂杆 AC 和 BDE,以放大 A、B 两截面圆周绕其形心旋转的弧长。

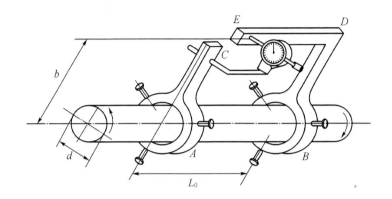

图 2-5-1　扭角仪的安装

当试件受扭时,固夹在试件上的 AC、BDE 杆就会绕试件轴转动,曲杆 BDE 就会使安装在 AC 杆上的千分表指针走动。设指针走动的位移为 δ,千分表推杆顶针处 E 到试样的轴线的距离为 b,则 A、B 截面的相对扭转角为

$$\phi = \frac{\delta}{b} \tag{2-5-4}$$

(注意:这样计算出来的 ϕ 的单位为弧长。)

四、实验步骤

(1) 测量试件直径 d。在试件的标距内,用游标卡尺测量中间和两端等三处直径,每处测一对正交方向,取平均值作该处直径,然后取三处直径最小者,作为试件直径 d,并据此计算 I_p。

(2) 拟定加载方案。在 4~20 N·m 的范围内分 4 级进行加载,每级的扭矩增量 ΔT = 4 N·m。

(3) 安装扭角仪和试件。在试件的标距两端,装上扭角仪。先将试件的一端装入扭转实验机的固定夹头,然后,将另一端装入主动夹头,用扳手拧紧夹紧螺栓,防止实验时打滑。

(4) 用扭转实验机慢速施加扭矩到 20 N·m,与此同时,检查扭转实验机和扭角仪的运行是否正常,然后卸载到 4 N·m 以下少许,处于待工作状态。

(5) 测读数据。加载到 4 N·m,读取扭角仪上千分表的相应初读数。此后,每加载一级扭矩增量 ΔT,读取相应的千分表读数,直到扭矩加到 20 N·m 为止。

(6) 结束工作。测读完毕,首先取下试件,然后卸下扭角仪。

五、实验数据的记录与计算

实验数据的记录与计算如表 2-5-1 所示。

表 2-5-1 剪切弹性模量 G 的实验数据记录表

实验	I_p	ΔT	δ	$\Delta\phi_i$	L_0	$G = \dfrac{\Delta T \cdot L_0}{\Delta\phi \cdot I_p}$
4 N·m						
8 N·m						
12 N·m						
16 N·m						
20 N·m						

六、实验注意事项

（1）均匀缓慢地加扭矩。

（2）按照加载的反顺序卸载。

实验6

冲 击 实 验

一、实验目的

(1) 测定低碳钢的冲击性能指标：冲击韧度 α_k。

(2) 测定灰铸铁的冲击性能指标：冲击韧度 α_k。

(3) 比较低碳钢与灰铸铁的冲击性能指标和破坏情况。

二、实验设备和仪器

(1) 电子式冲击实验机(或 JB-30A 冲击实验机)。

(2) 游标卡尺。

三、实验试样

材料抗冲击的能力用冲击韧性表示。冲击韧性一般通过一次摆锤冲击弯曲实验来测定。实验用的材料必须按要求加工成标准试样,常用的标准冲击试样有两种：一种为 U 形缺口试样,一种为 V 形缺口试样。按照国家标准 GB/T 229—2007《金属材料 夏比摆锤冲击试验方法》,金属冲击实验所采用的标准冲击试样为 10 mm × 10 mm × 55 mm,并开有 2 mm 或 5 mm 深的 U 形缺口(图 2-6-1)以及 45°张角 2 mm 深的 V 形缺口(图 2-6-2)。

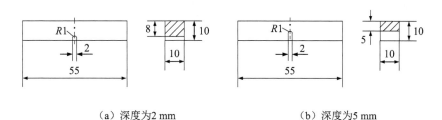

（a）深度为2 mm （b）深度为5 mm

图 2-6-1 夏比 U 形冲击试样(单位: mm)

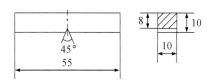

图 2-6-2 夏比 V 形冲击试样(单位: mm)

如不能制成标准试样,则可采用宽度为 7.5 mm 或 5 mm 的小尺寸试样,其他尺寸与相应缺口的标准试样相同,缺口应开在试样的窄面上。

试样开缺口是为了在缺口附近造成应力集中和三向应力状态,使材料产生脆化倾向,让塑性变形仅局限在缺口附近不大的体积范围内,保证试样一次就被冲断,而且断裂就发生在缺口处。铸铁、工具钢一类的脆性材料很容易冲断,试样可不开缺口。

冲击试样的底部应光滑,试样的公差、表面粗糙度等加工技术要求参见国家标准(GB/T 229—2007)。

四、实验原理与方法

实验时,试样以简支梁的形式(图 2-6-3)安放在实验机的支座上,试样的缺口背对摆锤的刀口。把重量为 G 的摆锤举至 H 的高度,摆锤获得的位能为 GH,从一定的高度自由转动落下,撞断试样,然后落锤将试样一次冲断,此时摆锤的剩余能量为 Gh,冲断试样消耗的能量 $G(H-h)$ 就是试样的冲击吸收功,用 U_k 来表示,即:

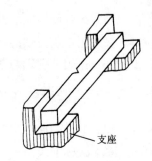

$$U_k = G(H-h) \qquad (2\text{-}6\text{-}1)$$

图 2-6-3　冲击试样的安放

U_k 的单位为焦 J(N·m)或千克力·米(kgf·m),1 kgf·m≈ 9.8 J。试样在被撞断过程中的冲击吸收功,即为试样所吸收的能量 U_k,可直接在仪器表盘或微机界面读取,则试样的冲击韧性定义为:

$$\alpha_k = \frac{U_k}{A} \qquad (2\text{-}6\text{-}2)$$

式中,A 为试样在断口处的横截面面积。

冲击韧性单位为 J/cm² 或 kgf·m/cm²。

五、实验步骤

(1)了解冲击实验机的操作规程和注意事项。

(2)测量试样的尺寸。

(3)将摆锤举到规定高度后,落锤空打一次,校准实验机度盘的零点。

(4)将摆锤抬起、锁定,在有人监护的情况下安放试样,令缺口背对摆锤刀口使缺口尖端位于受拉面并对中。

(5)将手柄推至"冲击"位置,使摆锤摆动一次后将手柄推至"制动位置"。

(6)记录冲断试样所需要的能量 U_k,取出被冲断的试样。

六、实验数据的记录与计算

实验数据的记录与计算如表 2-6-1 所示。

表 2-6-1　测定低碳钢和灰铸铁的冲击性能指标实验的数据记录与计算

材　　料	试样缺口处的横截面面积 A/mm	试样所吸收的能量 U_k/MJ	冲击韧度 $\alpha_k/(MJ \cdot m^{-2})$
低碳钢			
灰铸铁			

七、注意事项

（1）本实验要特别注意安全。在安放试样时，一定要锁住摆锤并有人监护。

（2）冲击时，同学们一律不得站在面对摆锤运动的方向上，以免试样飞出伤人。

实验 7

材料弹性模量 E 和泊松比 μ 的测定

一、实验目的

（1）测量金属材料的弹性模量 E 和泊松比 μ。

（2）验证单向受力胡克定律。

（3）学习电测法的基本原理和电阻应变仪的基本操作。

二、实验仪器和设备

（1）微机控制电子万能实验机。

（2）电阻应变仪。

（3）游标卡尺。

三、试件

中碳钢矩形截面试件，名义尺寸为 $b \times t = (30 \times 7.5)\,\mathrm{mm}^2$。

材料的屈服极限 $\sigma_s = 360\,\mathrm{MPa}$。

四、实验原理和方法

1. 实验原理

材料在比例极限内服从胡克定律，在单向受力状态下，应力与应变成正比：

$$\sigma = E\varepsilon \tag{2-7-1}$$

上式中的比例系数 E 称为材料的弹性模量。

由以上关系，可以得到：

$$E = \frac{\sigma}{\varepsilon} = \frac{P}{A\varepsilon} \tag{2-7-2}$$

材料在比例极限内，横向应变 ε' 与纵向应变 ε 之比的绝对值为一常数：

$$\mu = \left| \frac{\varepsilon'}{\varepsilon} \right| \tag{2-7-3}$$

上式中的常数 μ 称为材料的横向变形系数或泊松比。

本实验采用增量法，即逐级加载，分别测量在各相同载荷增量 ΔP 作用下，产生的应变增量 $\Delta \varepsilon_i$。于是式（2-7-2）和式（2-7-3）分别写为：

$$E_i = \frac{\Delta P}{A_0 \Delta \varepsilon_i} \qquad (2\text{-}7\text{-}4)$$

$$\mu_i = \left| \frac{\Delta \varepsilon_i'}{\Delta \varepsilon_i} \right| \qquad (2\text{-}7\text{-}5)$$

根据每级载荷得到的 E_i 和 μ_i，求平均值：

$$E = \frac{\sum_{i=1}^{n} E_i}{n} \qquad (2\text{-}7\text{-}6)$$

$$\mu = \frac{\sum_{i=1}^{n} \mu_i}{n} \qquad (2\text{-}7\text{-}7)$$

以上即为实验所得材料的弹性模量和泊松比。上式中 n 为加载级数。

2. 实验方法

（1）电测法

电测法基本原理：电测法是以电阻应变片为传感器，通过测量应变片电阻的改变量来确定构件应变，并进一步利用胡克定律或广义胡克定律确定相应的应力的实验方法。

实验时，将应变片粘贴在构件表面需测应变的部位，并使应变片的纵向沿需测应变的方向。当构件处沿应变片纵向发生正应变时，应变片也产生同样的变形。这时，敏感栅的电阻由初始值 R 变为 $R + \Delta R$。在一定范围内，敏感栅的电阻变化率 $\Delta R/R$ 与正应变 ε 成正比，即：

$$\frac{\Delta R}{R} = k\varepsilon \qquad (2\text{-}7\text{-}8)$$

式中，比例常数 k 为应变片的灵敏系数。故只要测出敏感栅的电阻变化率，即可确定相应的应变。

构件的应变值一般都很小，相应的应变片的电阻变化率也很小，需要用专门的仪器进行测量，测量应变片的电阻变化率的仪器称为电阻应变仪，其基本测量电路为一惠斯通电桥。

图 2-7-1 中，电桥 B、D 端的输出电压为：

$$\Delta U_{BD} = \frac{R_1 R_4 - R_2 R_3}{(R_1 + R_2)(R_3 + R_4)} U \qquad (2\text{-}7\text{-}9)$$

当每一电阻分别改变 ΔR_1，ΔR_2，ΔR_3，ΔR_4 时，B、D 端的输出电压变为：

$$\Delta U = \frac{(R_1 + \Delta R_1)(R_4 + \Delta R_4) - (R_2 + \Delta R_2)(R_3 + \Delta R_3)}{(R_1 + \Delta R_1 + R_2 + \Delta R_2)(R_3 + \Delta R_3 + R_4 + \Delta R_4)}$$

$$(2\text{-}7\text{-}10)$$

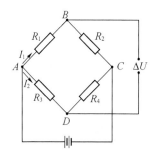

图 2-7-1 电阻应变仪的
基本测量电路

略去高阶小量，上式可写为：

$$\Delta U_{BD} = U\frac{R_1 R_2}{(R_1 + R_2)^2}\left(\frac{\Delta R_1}{R_1} - \frac{\Delta R_2}{R_2} - \frac{\Delta R_3}{R_3} + \frac{\Delta R_4}{R_4}\right) \qquad (2\text{-}7\text{-}11)$$

在测试时,一般四个电阻的初始值相等,则上式变为:

$$\Delta U_{BD} = \frac{U}{4}\left(\frac{\Delta R_1}{R_1} - \frac{\Delta R_2}{R_2} - \frac{\Delta R_3}{R_3} + \frac{\Delta R_4}{R_4}\right) \qquad (2\text{-}7\text{-}12)$$

得到:

$$\Delta U_{BD} = \frac{kU}{4}(\varepsilon_1 - \varepsilon_2 - \varepsilon_3 + \varepsilon_4) \qquad (2\text{-}7\text{-}13)$$

如果将应变仪的读数按应变标定,则应变仪的读数为:

$$\bar{\varepsilon} = \frac{4\Delta U_{BD}}{kU} = (\varepsilon_1 - \varepsilon_2 - \varepsilon_3 + \varepsilon_4) \qquad (2\text{-}7\text{-}14)$$

(2) 加载方法——增量法与重复加载法

增量法可以验证力与变形之间的线性关系,若各级载荷增量 ΔP 相同,相应的应变增量 $\Delta\varepsilon$ 也应大致相等,这就验证了胡克定律,如图 2-7-2 所示。

利用增量法,还可以判断实验过程是否正确。若各次测出的应变不按线性规律变化,则说明实验过程存在问题,应进行检查。

采用增量法拟定加载方案时,通常要考虑以下情况:

① 初载荷可按所用测力计满量程的 10% 或稍大于此值来选定(本次实验实验机采用 50 kN 的量程)。

② 最大载荷的选取应保证试件最大应力值不能大于比例极限,但也不能小于它的一半,一般取屈服载荷 P_s 的 70%～80%,即 $P_{\max} = (0.7 \sim 0.8)P_s$。

③ 至少有 4～6 级加载,每级加载后要使应变读数有明显的变化。

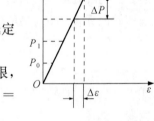

图 2-7-2　增量法示意图

本实验采用增量法加载。

重复加载法为另一种实验加载方法。采用重复加载法时,从初载荷开始,一级加至最大载荷,并重复该过程三到四遍。初载荷与最大载荷的选取通常参照以下标准:

① 初载荷可按所用测力计量程的 10% 或稍大于此值来选定。

② 最大载荷的选取应保证试件的最大应力不大于试件材料的比例极限,但也不要小于它的一半,一般取屈服载荷的 70%～80%。

③ 每次实验重复遍数至少应为 3～4 遍。

重复加载法不能验证力与变形之间的线性关系。

五、实验步骤

(1) 设计实验所需各类数据表格。

(2) 测量试件尺寸。

分别在试件标距两端及中间处测量厚度和宽度,将三处测得的横截面面积的算术平均值作为试件原始横截面积。

(3) 拟定加载方案。

(4) 实验机准备、试件安装和仪器调整。

(5) 确定组桥方式、接线和设置应变仪参数。

(6) 检查及试车:

检查以上步骤完成情况,然后预加载荷至加载方案的最大值,再卸载至初载荷以下,以检查实验机及应变仪是否处于正常状态。

(7) 进行实验:

加初载荷,记下此时应变仪的读数或将读数清零。然后逐级加载,记录每级载荷下各应变片的应变值。同时注意应变变化是否符合线性规律。重复该过程至少两到三遍,如果数据稳定,重复性好即可。

(8) 数据经检验合格后,卸载、关闭电源、拆线并整理所用设备。

六、实验结果处理

(1) 试件尺寸(表 2-7-1)

表 2-7-1　试件尺寸表

实验机编号	试件编号	板宽 b/mm	板厚 h/mm	板面积 $S=bh$/mm^2	小孔面积 f/mm^2	大孔面积 F/mm^2	—	—
11	12					168.08	—	—
通道号	1	2	3	4	5	6	7	8
应变	ε_1	ε_2	ε_3	ε_4	ε_5	ε_6	ε_7	ε_8
通道号	9	10	11	12	13	14	15	16
应变	ε_9	ε_{10}	ε_{11}	ε_{12}	ε_{13}	ε_{14}	ε_{15}	ε_{16}
—	2横片平均 ε'	2纵片平均 ε	泊松比 μ	E/GPa	应力集中系数			
—					J_5	J_6	J_7	J_8

(2) 实验数据记录(表 2-7-2)

表 2-7-2　实验数据记录表

i	F/kN	通道号							
		1	2	3	4	5	6	7	8
I	6.000								
	8.998								
	12.00								
	15.00								
II	5.998								
	8.998								
	11.97								
	15.00								
III	5.996								
	8.999								
	12.00								
	15.00								

实验 **8**

矩形截面梁弯曲正应力电测实验

一、实验目的

(1) 用电测法测定纯弯曲梁受弯曲时截面各点的正应力值,并与理论计算值进行比较。

(2) 了解电阻应变仪的基本原理和操作方法。

二、实验设备

(1) YJ-35 型静态电阻应变仪。

(2) 纯弯曲梁实验加载装置。

三、实验原理及方法

已知梁受纯弯曲时的正应力公式为

$$\sigma = \frac{M \cdot y}{I_z} \tag{2-8-1}$$

式中　M——纯弯曲梁横截面上的弯矩;

　　　I_z——横截面对中性轴 Z 的惯性矩;

　　　y——横截面中性轴到欲测点的距离。

本实验采用矩形截面钢梁。在载荷 F 作用下的矩形截面梁如图 2-8-1(a)所示。在梁的中部为纯弯曲,弯矩为 $M = \frac{1}{2}Fa$。在左、右两端长为 a 的部分为横力弯矩,弯矩为 $M_1 = \frac{1}{2}F(a-c)$。在梁的侧面上,沿梁的横截面高度每隔 $\frac{h}{4}$ 贴上平行于轴线的应变片。温度补偿片要放置在钢梁的附近。对每一待测应变片连同温度补偿片按半桥接线,如图 2-8-1(b)所示。当梁受纯弯曲时,即可测出各点处的轴向应变 $\varepsilon_i(i=1,2,3,4,5,6,7,8,9,10)$。由于梁的各层纵向纤维之间无挤压,根据单向应力状态的胡克定律,可以求出各点的实验应力为:

$$\sigma_i = E \cdot \varepsilon_i \tag{2-8-2}$$

式中　E——梁材料的弹性模量。

另一方面,由弯曲正应力公式 $\sigma = \frac{M \cdot y}{I_z}$,又可算出各点正应力的理论值。于是可将实测值和理论值进行比较。

本实验采用增量法。估算最大载荷 F_{max} 时,使它对应的最大弯曲正应力为屈服极限 σ_s 的 $(0.7 \sim 0.8)$,即 $F_{max} \leqslant (0.7 \sim 0.8) \dfrac{bh^2}{3a} \sigma_s$。选取初载荷 $F_0 \approx 0.1 F_{max}$,由 F_0 至 F_{max} 可分成四级或五级加载,每级增量即为 ΔF。

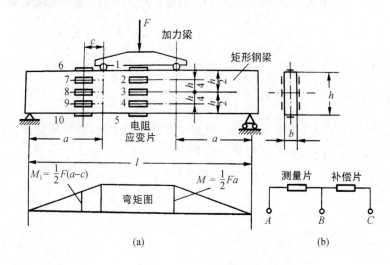

图 2-8-1　矩形截面梁

四、实验步骤及注意事项

(1) 拟定加载方案。在 $0 \sim 20\,kg$ 的范围内分 4 级进行加载,每级的载荷增量 $\Delta F = 5\,kg$。

(2) 按照电阻应变仪的使用方法,根据应变片灵敏系数 K,设定仪器的灵敏系数。

(3) 接通应变仪电源,把测点 1 的应变片和温度补偿片按半桥接线法接通应变仪,具体做法是:将测点 1 的应变片接在应变仪的 A、B 接线柱上,将温度补偿片接在 B、C 接线柱上。调整应变仪零点(或记录应变仪的初读数)。

(4) 加载测量:分级加载,逐次逐点进行测量,记下读数,直至最大载荷,测量完毕后,卸载。每增加一级载荷($\Delta F = 5\,kg$),记录引伸仪读数一次,直至加到 $20\,kg$。注意观察各级应变增量情况。

(5) 按步骤(4)重复两次,以获得具有重复性的可靠的实验结果。

(6) 按测点 1 的测试方法对其余各点逐点进行测试。

五、实验结果的处理

(1) 现以重复加载两次为例。每次由 F_0 到 $F_n(F_{max})$,测点 i 的应变为 $(\varepsilon_{in} - \varepsilon_{i0})$,求出两次加载应变的平均值。应变平均值为:

$$(\varepsilon_{in} - \varepsilon_{i0})_{av} = \frac{1}{2} \left[(\varepsilon_{in} - \varepsilon_{i0})_1 + (\varepsilon_{in} - \varepsilon_{i0})_2 \right] \qquad (2\text{-}8\text{-}3)$$

式中,下脚标 1 表示第一次加载的值,下脚标 2 表示第二次加载的值。

求得各测点应变平均值后,根据胡克定律得到实测应力为:

$$\sigma_{\mathrm{me}} = E(\varepsilon_{in} - \varepsilon_{i0})_{\mathrm{av}} \tag{2-8-4}$$

(2) 在纯弯曲和横力弯曲两部分内,载荷从 F_0 至 F_n,弯矩的增量为 $M = \dfrac{1}{2}(F_n - F_0)a$ 和 $M_1 = \dfrac{1}{2}(F_n - F_0)(a - c)$。由弯曲正应力公式求出各测点应力的理论值为:

$$\sigma_{\mathrm{th}} = \frac{My}{I} \quad 和 \quad \sigma_{\mathrm{th}} = \frac{M_1 y}{I}$$

式中, $I = \dfrac{1}{12}bh^3$。

(3) 对每一测点求出 σ_{me} 对 σ_{th} 的相对误差:

$$e_\sigma = \frac{\sigma_{\mathrm{th}} - \sigma_{\mathrm{me}}}{\sigma_{\mathrm{th}}} \times 100\% \tag{2-8-5}$$

在梁的中性层内,因 $\sigma_{\mathrm{th}} = 0$,故只需计算绝对误差。

(4) 将各点的 σ_{me} 与 σ_{th} 绘在以截面高度为纵坐标、应力大小为横坐标的平面内,即可得到梁横截面上的实验应力与理论应力的分布曲线,将两者进行比较,即可验证理论公式。

实验 9

弯扭组合变形的电测实验

一、实验目的

（1）用电测法测定平面应力状态下的主应力大小及其方向，并与理论值进行比较。

（2）测定弯扭组合变形杆件中的弯矩和扭矩分别引起的应变，并确定内力分量弯矩和扭矩的实验值。

（3）进一步掌握电测法和电阻应变仪的使用。了解半桥单臂、半桥双臂和全桥的接线方法。

二、实验仪器

（1）弯扭组合实验装置。

（2）YJ-28-P10R 静态数字应变仪或者 YJ-31 电阻应变仪。

三、实验原理和方法

弯扭组合实验装置如图 2-9-1 所示，它由薄壁管 1、扇臂 2、钢索 3、手轮 4、加载支座 5、加载螺杆 6、载荷传感器 7、钢索接头 8、底座 9、电子秤 10 和固定支架 11 组成。钢索一端固定在扇臂端，另一端通过加载螺杆、载荷传感器与钢索接头固定，实验时转动手轮，加载螺杆和载荷传感器都向下移动，钢索受拉，载荷传感器有电信号输出，此时电子秤数字显示出作用在扇臂的载荷值，扇臂端的作用力传递到薄壁圆管上，使管产生弯扭组合变形。

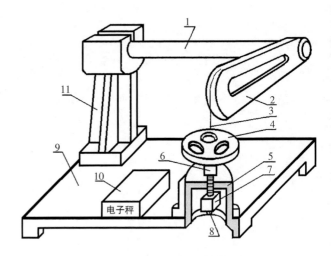

图 2-9-1　弯扭组合实验装置

薄壁圆管材料为铝，其弹性模量 $E = 70$ GPa、泊松比 $\mu = 0.33$，管的平均直径 $D_0 = 37$ mm，壁厚 $t = 3$ mm。

薄壁圆管弯扭组合变形受力如图 2-9-2 所示。I-I 截面为被测位置，该截面上的内力有弯矩和扭矩。取其前、后、上、下的 A、B、C、D 为被测的四个点，其应力状态如图 2-9-3 所

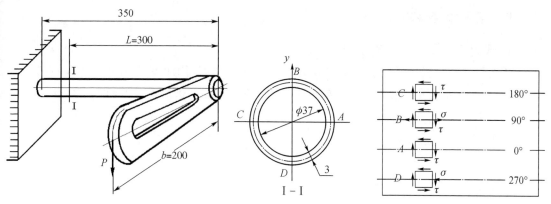

图 2-9-2 弯扭组合受力简图(单位: mm)　　　　图 2-9-3 *A、B、C、D* 点应力状态

示(截面 I-I 的展开图)。每点处按一45°、0、+45°方向粘贴一片 45°的应变花,将截面 I-I 展开如图 2-9-4(a)所示。

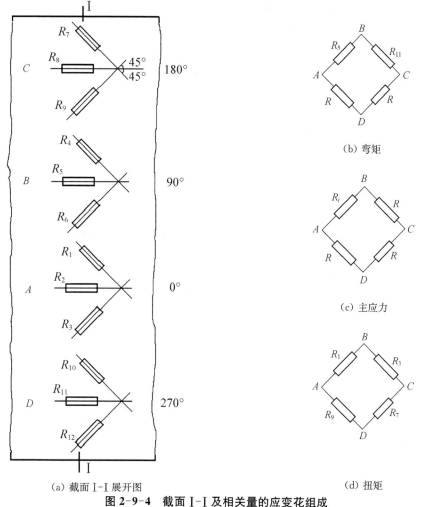

(a) 截面 I-I 展开图

(b) 弯矩

(c) 主应力

(d) 扭矩

图 2-9-4 截面 I-I 及相关量的应变花组成

四、实验内容和方法

1. 确定主应力大小及方向

弯扭组合变形薄壁圆管表面上的点处于平面应力状态,用应变花测出三个方向的线应变后,可算出主应变的大小和方向,再应用广义胡克定律即可求出主应力的大小和方向。

主应力:

$$\frac{\sigma_1}{\sigma_3} = \frac{E}{1-\mu^2}\left[\frac{1+\mu}{2}(\varepsilon_{-45°}+\varepsilon_{+45°}) \pm \frac{1-\mu}{\sqrt{2}}\sqrt{(\varepsilon_{-45°}-\varepsilon_0)^2+(\varepsilon_0-\varepsilon_{+45°})^2}\right] \quad (2\text{-}9\text{-}1)$$

主方向:

$$\tan 2\alpha = \frac{\varepsilon_{+45°}-\varepsilon_{-45°}}{(\varepsilon_0-\varepsilon_{-45°})-(\varepsilon_{+45°}-\varepsilon_0)} \quad (2\text{-}9\text{-}2)$$

式中,$\varepsilon_{-45°}$,ε_0,$\varepsilon_{+45°}$ 分别表示与管轴线成 $-45°$,$0°$,$+45°$ 方向的线应变。

2. 单一内力分量或该内力分量引起的应变测定

(1) 弯矩 M 及其所引起的应变测定

① 弯矩引起正应变的测定

用上、下(即 B、D 两点)两测点 $0°$ 方向的应变片组成如图 2-9-4(b)所示半桥测量线路,测得 B、D 两处由于弯矩引起的正应变 ε_M:

$$\varepsilon_M = \frac{\varepsilon_{ds}}{2} \quad (2\text{-}9\text{-}3)$$

式中　ε_{ds} ——应变仪的读数应变;

$\quad\quad \varepsilon_M$ ——由弯矩引起的轴线方向的应变。

② 弯矩 M 的测定

若薄壁圆管的弹性模量 E 及横截面尺寸已知,则可根据上面所测得的 ε_M,用下式计算被测截面的弯矩 M:

$$M = \varepsilon_M EW = \frac{\varepsilon_{ds}EW}{2} \quad (2\text{-}9\text{-}4)$$

式中　W——薄壁圆管横截面的抗弯截面模量。

(2) 扭矩 T 及其所引起剪应变的测定

① 扭矩 T 引起剪应变的测定

用 A、C 两测点在 $-45°$、$+45°$ 方向的四片应变组成如图 2-9-4(d)所示的全桥测量线路,可测得扭矩引起剪应变的实验值为:

$$\gamma_n = \frac{\varepsilon_{ds}}{2} \quad (2\text{-}9\text{-}5)$$

② 扭矩 T 的测定

若材料弹性常数 E、μ 及其横截面积为已知,根据上面所得的 γ_n,用下式计算出截面的

扭矩为:

$$T = \frac{E}{2(1+\mu)}\gamma_n W_p$$

$$T = \frac{E}{4(1+\mu)}\varepsilon_{ds} W_p$$

(2-9-6)

式中,W_p——薄壁圆管的抗扭截面模量。

(3) 为了与理论计算值进行比较,对所加载荷大小进行控制和显示,并测量有关几何尺寸,计算出被测截面的内力分量及测点的应力分量:

弯矩正应力理论值: $$\sigma = \frac{M}{W}$$ (2-9-7)

扭转剪应力理论值: $$\tau = \frac{T}{W_p}$$ (2-9-8)

主应力: $$\sigma_{1.2} = \frac{\sigma}{2} \pm \sqrt{\left(\frac{\sigma}{2}\right)^2 + \tau^2}$$ (2-9-9)

主方向: $$\tan\alpha = -\frac{2\tau^2}{\sigma}$$ (2-9-10)

根据上式可分别求出 A、B、C、D 四个测点的主应力大小和方向的理论值,然后与实验值进行比较分析。

五、实验步骤

(1) 将传感器电源及信号线与电子秤连接,将应变仪与预调平衡箱连接。

(2) 打开应变仪,预热 15 min。

(3) 主应力测定:

① 将 A、B、C、D 上各应变片按图 2-9-4(c)半桥方式接入电阻应变仪,各应变片共用一片温度补偿片。

② 用标准电阻调 $R_0 = 0.000$,根据被测试件应变片的灵敏系数,计算出标定值。然后打开标定开关,使前面板显示出标定值,关闭标定开关,拆下标准电阻。

③ 调被测点电阻平衡。

④ 采用增量法逐级加载,每次 0.1 kN。

0.1 kN	初载荷调零
0.2 kN	读出测量值
0.3 kN	读出测量值
0.4 kN	读出测量值

⑤ 卸载。

(4) 弯矩测定:

① 将 B、D 两点方向的应变片按如图 2-9-4(b)的方式接成半桥。

② 下同主应力测定。

(5) 扭矩测定：

① 将 A、C 两点在 $+45°$ 方向和 $-45°$ 方向接的应变片按图 2-9-4(d)的方式接成全桥。

② 下同主应力测定。

(6) 实验结束，将仪表恢复原状。

六、实验报告要求

(1) 写出实验名称、实验设备并绘制装置简图。

(2) 绘出实验圆管试样受力简图，简述实验过程。

(3) 算出测点 A 处主应力的实测平均值和该点理论值，并加以比较，求出相对误差。

(4) 画出 A 点的应力状态图（主应力大小和方向）。

(5) 实验记录和数据表格可参考表 2-9-1、表 2-9-2 和表 2-9-3。

表 2-9-1 A、B 两点的读数应变

载荷 /kN		读数应变 $\varepsilon_d/\mu\varepsilon$					
		A			B		
F	ΔF	$-45°(R_1)$	$0°(R_2)$	$+45°(R_3)$	$-45°(R_4)$	$0°(R_5)$	$+45°(R_6)$
ε_d 增量最佳值 $/\mu\varepsilon$							

表 2-9-2 Ⅰ—Ⅰ截面上弯矩、剪力和扭矩引起的应变

载荷/kN		读数应变 $\varepsilon_d/\mu\varepsilon$		
F	ΔF	弯矩 M	剪力 V	扭矩 T
增量最佳值 $/\mu\varepsilon$				

表 2-9-3　*A*、*B*、*C*、*D* 各点的应力数据

实验点参数	实验值				理论值				误差			
	A	*B*	*C*	*D*	*A*	*B*	*C*	*D*	*A*	*B*	*C*	*D*
σ_1 /MPa												
σ_2 /MPa												
φ_0 /(°)												

七、注意事项

（1）切勿超载，所加荷载最大不得超过 1 000 N，否则将损坏试件。

（2）测试过程中，不要震动仪器、设备和导线，否则将影响测试结果，造成较大的误差。

（3）注意爱护好贴在试件上的应变花，不要破坏其防潮层，造成应变花损坏。

实验 10

偏心拉伸实验

一、实验目的

(1) 测定偏心拉伸时的最大正应力,验证叠加原理的正确性。

(2) 学习拉弯组合变形时分别测量各内力分量产生的应变成分的方法。

(3) 测定偏心拉伸试样的弹性模量 E 和偏心距 e。

(4) 进一步学习用应变仪测量微应变的组桥原理和方法,并能熟练掌握、灵活运用。

二、实验仪器

静态电阻应变仪、拉伸加载装置、偏心拉伸试样(已贴应变计)、螺丝刀等。

三、试样及布片介绍

本实验采用矩形截面的薄直板作为被测试样,其两端各有一偏离轴线的圆孔,通过圆柱销钉使试样与实验台相连,采用一定的加载方式使试样受一对平行于轴线的拉力作用。

在试样中部的两侧面或两表面上与轴线等距的对称点处沿纵向对称地各粘贴一枚单轴应变计(图 2-10-1),贴片位置和试样尺寸如图 2-10-2 所示。应变计的灵敏系数 K 标注在试样上。

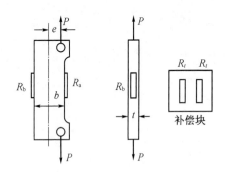

图 2-10-1 加载与布片示意

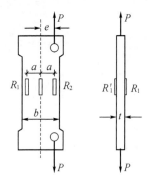

图 2-10-2 贴片位置和试样尺寸示意

四、实验原理

偏心受拉构件在外载荷 P 的作用下,其横截面上存在的内力分量有:轴力 $F_N = P$,弯矩 $M = P \cdot e$,其中 e 为构件的偏心距。设构件的宽度为 b、厚度为 t,则其横截面面积 $A =$

$t \cdot b$。在如图 2-10-2 所示情况中,a 为构件轴线到应变计丝栅中心线的距离。根据叠加原理可知,该偏心受拉构件横截面上各点都为单向应力状态,其测点处正应力的理论计算公式为拉伸应力和弯矩正应力的代数和,即:

$$\sigma = \frac{P}{A} \pm \frac{M}{W} = \frac{P}{tb} \pm \frac{6Pe}{tb^2} \text{(对于图 2-10-1 布片方案)}$$

$$\sigma_y = \frac{P}{A} \pm \frac{M}{I}y = \frac{P}{tb} \pm \frac{12Pea}{tb^3} \text{(对于图 2-10-2 布片方案)}$$

根据胡克定律可知,其测点处正应力的测量计算公式为材料的弹性模量 E 与测点处正应变的乘积,即:

$$\sigma = E \cdot \varepsilon$$

1. 测定最大正应力,验证迭加原理

根据以上分析可知,受力构件上所布测点中最大应力的理论计算公式为:

$$\left\{ \begin{array}{l} \sigma_{\text{max,理}} = \sigma_a = \dfrac{P}{A} + \dfrac{M}{W} = \dfrac{P}{tb} + \dfrac{6Pe}{tb^2} \quad \text{(对于图 2-10-1 布片方案)} \\[3mm] \sigma_{\text{max,理}} = \sigma_2 = \dfrac{P}{A} + \dfrac{M}{I}y_2 = \dfrac{P}{tb} + \dfrac{12Pea}{tb^3} \quad \text{(对于图 2-10-2 布片方案)} \end{array} \right.$$

$$(2\text{-}10\text{-}1)$$

而受力构件上所布测点中最大应力的测量计算公式为:

$$\left\{ \begin{array}{l} \sigma_{\text{max,测}} = \sigma_a = E \cdot \varepsilon_a = E(\varepsilon_P + \varepsilon_M) \quad \text{(对于图 2-10-1 布片方案)} \\[3mm] \sigma_{\text{max,测}} = \sigma_2 = E \cdot \varepsilon_2 = E(\varepsilon_P + \varepsilon_{Ma}) \quad \text{(对于图 2-10-2 布片方案)} \end{array} \right. \quad (2\text{-}10\text{-}2)$$

2. 测量各内力分量产生的应变成分 ε_P 和 ε_M

由电阻应变仪测量电桥的加减原理可知,改变电阻应变计在电桥上的连接方法,可以得到几种不同的测量结果。利用这种特性,采取适当的布片和组桥方式,便可以将组合载荷作用下各内力分量产生的应变成分分别单独的测量出来,从而计算出相应的应力和内力——这就是所谓的内力素的测定。

本实验是在一个矩形截面的板状试样上施加偏心拉伸力(图 2-10-1、图 2-10-2),则该试样的横截面将承受轴向拉力和弯矩的联合作用。

(1) 图 2-10-1 所示试样在中部截面的两侧面处对称地粘贴 R_a 和 R_b 两枚应变计,则 R_a 和 R_b 的应变均由拉伸和弯曲两种应变成分组成,即:

$$\varepsilon_a = \varepsilon_P + \varepsilon_M \quad \varepsilon_b = \varepsilon_P - \varepsilon_M \quad (2\text{-}10\text{-}3)$$

式中,ε_P、ε_M 分别表示由拉伸、弯曲所产生的拉应变绝对值、弯曲应变绝对值。

此时,可以采用四分之一桥连接、公共补偿、多点同时测量的方式组桥,测出各个测点的应变值,然后再根据(2-10-3)式计算出 ε_P、ε_M。也可以按图

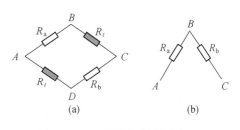

图 2-10-3　组桥方式示意图 1

2-10-3方式组桥(当然还有其他组桥方案),这时的仪器读数分别为:

$$\varepsilon_{du} = 2\varepsilon_P \quad (\text{图 } 2\text{-}10\text{-}3(a) \text{ 的读数})$$

$$\varepsilon_{du} = 2\varepsilon_M \quad (\text{图 } 2\text{-}10\text{-}3(b) \text{ 的读数})$$

通常将从仪器上读出的应变值与待测应变值之比称为桥臂系数,上述两种组桥方式的桥臂系数均为2。

(2) 图 2-10-2 所示试样在中部截面处的两表面上、在轴线的两侧距离轴线为 a 处对称粘贴 R_1、R_2 和 R_1'、R_2' 两枚应变计,则 R_1、R_2 和 R_1'、R_2' 的应变均由拉伸和弯曲两种应变成分组成,即:

$$\begin{cases} \varepsilon_1 = \varepsilon_P - \varepsilon_{Ma} + \varepsilon_{nq1} \text{、} \varepsilon_1' = \varepsilon_P - \varepsilon_{Ma} + \varepsilon_{nq1}' \\ \varepsilon_2 = \varepsilon_P + \varepsilon_{Ma} + \varepsilon_{nq2} \text{、} \varepsilon_2' = \varepsilon_P + \varepsilon_{Ma} + \varepsilon_{nq2}' \end{cases} \quad (2\text{-}10\text{-}4)$$

$$\text{其中:} \varepsilon_{nq1} = -\varepsilon_{nq1}' \text{、} \varepsilon_{nq2} = -\varepsilon_{nq2}'$$

式中,ε_P、ε_M 分别表示由拉伸、弯曲所产生的拉应变、弯曲应变绝对值;ε_{nq} 是由构件的扭曲而产生的附加应变值,其正负无法确定。

此时,同样可以采用单臂连接、公共补偿、多点同时测量的方式组桥,测出各个测点的应变值,然后再根据(2-10-4)式计算出 ε_P、ε_{Ma}。也可以按图 2-10-4 方式组桥(或按其他组桥方案),这时的仪器读数分别为:

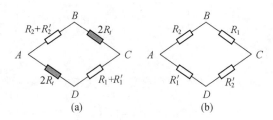

图 2-10-4　组桥方式示意图 2

$$\varepsilon_{du} = 2\varepsilon_P \quad (\text{图 } 2\text{-}10\text{-}4(a) \text{ 的读数})$$

$$\varepsilon_{du} = 4\varepsilon_M \quad (\text{图 } 2\text{-}10\text{-}4(b) \text{ 的读数})$$

可见,此两种组桥方式的桥臂系数分别为 2 和 4。

3. 弹性模量 E 的测量与计算

为了测定弹性模量 E,可按图 2-10-3(a)或图 2-10-4(a)组桥,并采用等增量加载的方式进行测试,即所增加荷载 $\Delta P_i = i\Delta F$(其中 $i = 1,2,3,4,5$ 为加载级数,ΔF 为加一级在试样上的载荷增量值)。在初载荷 P_0 时将应变仪调零,之后每加一级载荷就测得一拉应变 ε_{Pi},然后用最小二乘法计算出所测材料的弹性模量 E,即:

$$E = \frac{\Delta F}{tb} \cdot \frac{\sum\limits_{i=1}^{5} i^2}{\sum\limits_{i=1}^{5} i\varepsilon_{Pi}} \quad (2\text{-}10\text{-}5)$$

注意:实验中末级载荷 $P_5 = P_0 + 5\Delta F$ 不应超出材料的弹性范围。

4. 偏心距 e 的测量与计算

为了测量偏心距 e,可按图 2-10-3(b)或图 2-10-4(b)组桥,在初载荷 P_0 时将应变仪调零,增加载荷 $\Delta P'$ 后,测得弯曲应变 ε_M。根据胡克定律可知弯曲应力为:

$$\sigma_{\mathrm{M}} = E\varepsilon_{\mathrm{M}} \quad \text{或} \quad \sigma_{\mathrm{Ma}} = E\varepsilon_{\mathrm{Ma}}$$

而
$$\sigma_{\mathrm{M}} = \frac{M}{W} = \frac{6\Delta P' \cdot e}{tb^2} \quad \sigma_{\mathrm{Ma}} = \frac{M}{I} \cdot a = \frac{12\Delta P' ea}{tb^3}$$

因此,所用试样的偏心距:

$$e = \frac{Etb^2}{6\Delta P'} \cdot \varepsilon_{\mathrm{M}} \quad \text{或} \quad e = \frac{Etb^3}{12\Delta P' a} \cdot \varepsilon_{\mathrm{Ma}} \tag{2-10-6}$$

五、实验步骤

1. 测定轴力引起的拉应变 ε_{P}

按图 2-10-3(a)或图 2-10-4(a)所示的组桥方式连接线路,同时选择好应变仪的灵敏系数 K_y,然后检查线路连接的正确性,在确认无误后接通电源进行测试。

先调好所用桥路的初始读数(调零或调为一个便于加减的数),再采用逐级加载的方法进行加载测试,并及时记录相应的应变读数 $\varepsilon_{\mathrm{du}i}$,同时计算对应的拉应变 $\varepsilon_{\mathrm{P}i}$,填入记录表格中。然后卸去全部载荷,重复测量三次。

2. 测定弯矩引起的弯曲应变 ε_{M}

按图 2-10-3(b)或图 2-10-4(b)所示的组桥方式连接线路,同时选择好应变仪的灵敏系数 K_y,然后检查线路连接的正确性,在确认无误后接通电源进行测试。

先调好所用桥路的初始读数,然后加载至 $\Delta P'$ 后读取仪器读数 $\varepsilon_{\mathrm{du}}$。卸去全部载荷,重复测量三次。

3. 归整仪器,清理现场

将所测得的数据交由指导教师校核,经教师检查认可后再拆除线路,把所使用的所有仪器按原样归整好,并将实验现场全部清理打扫干净,由指导教师验收合格后方可离开实验室。

4. 进行数据处理

根据测得的同载荷下的 ε_{P} 和 ε_{M} 值,取三次测试结果的平均值按(2-10-2)式进行数据处理,计算构件上所布测点的最大应力;并与由(2-10-1)式计算的理论值进行比较,求出相对误差。

在测得的 ε_{P} 数据中,比较三组测试结果,取数据较好的一组按(2-10-5)式进行数据处理,计算出所用材料的弹性模量 E 及其测量误差。

在测得的 ε_{M} 数据中,取三次测试结果的平均值按(2-10-6)式进行数据处理,计算构件的偏心距 e 及其测量误差。

5. 按要求写出完整的实验报告。

[数据记录]　　　　　　（自己设计数据记录表格,参考表格见下）

表 2-10-1　试样相关数据

试样尺寸	宽 $b=$ 　　mm,厚 $t=$ 　　mm,偏心距 $e=$ 　　mm,测点到轴线之距 $a=$ 　　mm
相关常数	弹性模量 $E=$ 　　MPa,所粘贴应变计的灵敏系数 $K=$

表 2-10-2　拉应变的测试　　　　　　　　　　　　　　　试样编号 No：

相关数据	载荷增量 $\Delta F =$			N，惯性矩 $I =$	mm⁴，应变仪灵敏系数 $K_y =$		
级别 i	应变仪读数 $\varepsilon_{dui}/10^{-6}$			桥臂系数 α	测得值 $\varepsilon_{Pi} = \dfrac{1}{\alpha} \cdot \dfrac{K_y}{K} \varepsilon_{dui}/10^{-6}$	i^2	$i \cdot \varepsilon_{Pi}/10^{-6}$
	1	2	3				
1							
2							
3							
4							
5							
Σ							

表 2-10-3　弯曲应变的测试　　　　　　　　　　　　　　试样编号 No：

相关数据	外加载荷 $\Delta P' =$			N，抗弯截面系数 $W =$	mm³，应变仪灵敏系数 $K_y =$
应变仪读数 $\varepsilon_{dui}/10^{-6}$			平均值 $\overline{\varepsilon_{du}}/10^{-6}$	桥臂系数 α	测得值 $\varepsilon_M = \dfrac{1}{\alpha} \cdot \dfrac{K_y}{K} \overline{\varepsilon_{du}}/10^{-6}$
1	2	3			

实验 11

组合梁弯曲正应力实验

一、实验目的

(1) 用电测法测定两种不同形式的组合梁横截面上的应变、应力分布规律。

(2) 观察正应力与弯矩的线性关系。

(3) 通过实验和理论分析深化对弯曲变形理论的理解,建立力学计算模型的思维方法。

二、实验设备

(1) 静态电阻应变仪(型号:DH3818)。

(2) 材料力学多功能实验台(型号:BZ8001)。

(3) 贴有电阻应变片的矩形截面组合梁(钢-铝组合梁、钢-钢组合梁)。

(钢-铝组合梁的上半部为 Q235 钢,弹性模量 $E = 200\,\mathrm{GPa}$,下半部为铝合金,弹性模量 $E = 71\,\mathrm{GPa}$)(钢-钢组合梁的上半部为 Q235 钢,弹性模量 $E = 200\,\mathrm{GPa}$,下半部为 45 号钢,弹性模量 $E = 210\,\mathrm{GPa}$)

(4) 游标卡尺。

三、实验原理与方法

实验装置及测试方法和纯弯梁的正应力实验基本相同。为了更好地进行分析和比较,可采用两种组合梁(即钢-铝组合梁,钢-钢组合梁),并且这两种组合梁的几何尺寸和受力情况相同。组合梁的受力情况以及各电阻应变片的位置如图 2-11-1 所示。

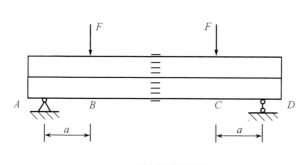
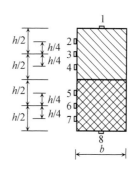

(a) 组合梁受力简图　　　　　　　　(b) 横截面及贴片示意图

图 2-11-1　实验装置示意图

1. 钢-铝组合梁

当两个同样大小的力 F 分别作用在组合梁上 B、C 点时,由梁的内力分析知道,BC 段上剪力为零,而弯矩 $M = Fa$,因此组合梁的 BC 段发生纯弯曲。根据单向受力假设,梁横截面上各点均处于单向应力状态,应用轴向拉伸时的胡克定律,即可通过测定的各点应变计算出相应的实验应力。

实验采用增量法,各点的实测应力增量表达式为:

$$\Delta\sigma_{实i} = E\Delta\varepsilon_{实i} \tag{2-11-1}$$

式中,i 为测量点,$i=1,2,3,4,5,6,7,8$;$\Delta\varepsilon_{实i}$ 为各点的实测应变平均增量;$\Delta\sigma_{实i}$ 为各点的实测应力平均增量。

如图 2-11-2 所示,对组合梁进行理论分析:假设两根梁之间相互密合无摩擦,变形后仍紧密叠合,该组合梁在弯曲后有两个中性层,由于所研究问题符合小变形理论,可以认为两根梁的曲率半径基本相等。设钢梁的弹性模量为 $E_钢$,所承受的弯矩为 $M_钢$;铝梁的弹性模量为 $E_铝$,所承受的弯矩为 $M_铝$,则

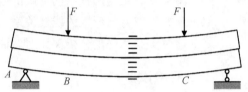

图 2-11-2　组合梁变形示意图

$$M_钢 + M_铝 = M$$

由

$$\frac{M_钢}{E_钢 I_钢} = \frac{1}{\rho_钢} \qquad \frac{M_铝}{E_铝 I_铝} = \frac{1}{\rho_铝}$$

又由于 $\rho_钢 \approx \rho_铝$,则有 $\dfrac{M_钢}{E_钢 I_钢} = \dfrac{M_铝}{E_铝 I_铝}$

$$M_钢 = \frac{E_钢 I_钢}{E_钢 I_钢 + E_铝 I_铝} \times M \tag{2-11-2}$$

$$M_铝 = \frac{E_铝 I_铝}{E_钢 I_钢 + E_铝 I_铝} \times M \tag{2-11-3}$$

因此:组合梁中钢梁和铝梁的正应力计算公式分别为:

$$\sigma_钢 = M_钢\frac{y_1}{I_钢} = \frac{E_钢}{E_钢 I_钢 + E_铝 I_铝} \times My_1 \qquad \sigma_铝 = M_铝\frac{y_2}{I_铝} = \frac{E_铝}{E_钢 I_钢 + E_铝 I_铝} \times My_2$$

式中　$I_钢$——组合梁中钢梁对其中性轴的惯性矩;

$I_铝$——组合梁中铝梁对其中性轴的惯性矩;

y_1——钢梁上测点到其中性层的距离;

y_2——铝梁上测点到其中性层的距离。

2. 钢-钢组合梁

钢-钢组合梁的原理可参考钢-铝组合梁,建议同学们自行推导其理论计算公式。

四、实验步骤

(1)测量组合梁中各梁的横截面宽度 b,高度 h,力作用点到支座的距离以及各个测点到

各自中性层的距离。

（2）分级加上载荷，共分 5 级加载，每级载荷为 500 N，最大荷载为 2 500 N。

（3）接通静态电阻应变仪电源，分清各测点应变片的引线，把各个测点的应变片和公共补偿片接到应变仪相应的通道，调整应变仪零点和灵敏度值。

（4）每增加一级荷载就记录一次各通道的应变值，直至加到 F_{max}。

（5）按上面步骤再做一次，并根据实验数据决定是否再做第三次。

（6）更换组合梁，按照第（1）～第（5）步重新加载并记录数据。

（7）测试完毕，将荷载卸去，关闭电源，清理现场，将所用仪器设备放回原位。

五、实验结果处理

（1）根据测得的各点应变值，计算出各点的平均应变的增量值 $\Delta\varepsilon_{实i}$，由 $\Delta\sigma_{实i} = E\Delta\varepsilon_{实i}$，计算 1、2、3、4、5、6、7、8 各点的应力增量。

（2）根据上面所得理论公式计算各点的理论应力增量并与 $\Delta\sigma_{实i}$ 相比较。

（3）将不同点的 $\Delta\sigma_{实i}$ 与 $\Delta\sigma_{理i}$ 绘在截面高度为纵坐标、应力大小为横坐标的平面内，即可得到梁截面上的实验与理论的应力分布曲线，将两者进行比较即可验证应力分布和应力公式。

六、注意事项

（1）在加载过程中切勿超载和大力扭转加力手轮，以免损坏仪器。

（2）测试过程中，不要震动仪器、设备和导线，否则将影响测试结果，造成较大误差。

（3）使用静态电阻应变仪前应先开机，让机器预热至少 3 min。

（4）注意爱护好贴在试件上的电阻应变片和导线，不要用手指或其他工具破坏电阻应变片。

简支钢桁架静载非破坏性实验

一、实验目的

（1）掌握结构静载实验常用仪器、设备使用方法，并了解其主要性能指标。

（2）通过对桁架节点位移、杆件内力的测量来对桁架结构的工作性能及计算理论作出评判，深刻理解对称荷载、对称性等知识点。

（3）了解结构静载实验的实验方案、方法设计。

（4）掌握实验数据的整理、分析和表达方法。

二、实验设备和仪器

（1）试件——钢桁架、跨度 3 m，杆件采用双 ∠40°×4 等边角钢，如图 2-12-1 所示。

（2）加载设备：千斤顶，压力传感器。

（3）静态电阻应变仪。

（4）位移计及支架。

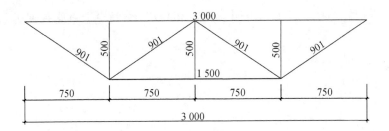

图 2-12-1　桁架几何尺寸图（单位：mm）

三、实验重点

本实验的重点和难点主要有以下几方面的内容：

（1）桁架的工作特性：在节点荷载作用下桁架各杆件呈二力杆特性，具体地说是上弦为压杆，在应变特性上表现为负应变（压应变），下弦为拉杆，在应变特性上表现为正应变（拉应变），腹杆中有拉杆、压杆、零杆（要特别注意其前提：在节点荷载作用下，这点在误差分析中很重要）。

（2）桁架计算理论：节点法和截面法。

（3）时效作用对实验结果的影响：钢结构在某级荷载作用下其变形充分发展一般需要2 h，但是由于时间关系，学生在实验课上不可能按 2 h 加一次荷载，这也是产生误差的主要原因。

（4）加载—卸载分析：对加载到某级荷载与卸载到同一级荷载的杆件应变和节点的挠度进行对比分析、总结，可以发现规律，分析原因。

（5）实验数据的采集、分析、整理与表达：采集的方法、要点；实验数据的定性分析与定量分析相结合；实验数据的整理应优先采用表格表达方式；实验数据的表达一般采用图、表（记录表格、计算表格、结果表格）、数学函数表达式。

四、实验方案

桁架实验一般多采用垂直加荷方式，桁架实验支座的构造可以采用梁实验的支承方法，支承中心线的位置尽可能准确，其偏差对桁架端节点的局部受力影响较大，故应严格控制，钢结构桁架实验如图 2-12-2 所示。

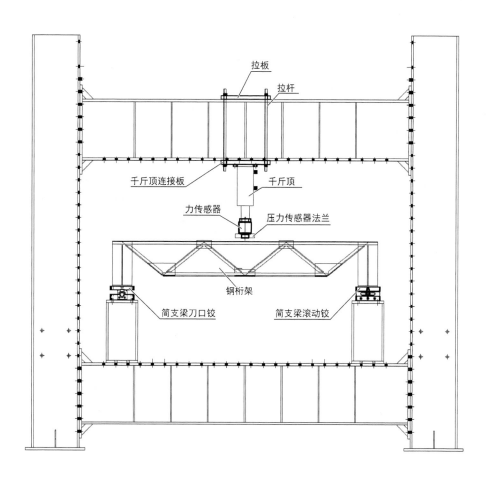

图 2-12-2　钢结构桁架实验示意图

桁架的实验荷载不能与设计荷载相符合时,亦可采用等效荷载代换,但应验算,使主要受力构件或部位的内力接近设计情况,还应注意荷载改变后可能引起的局部影响,防止产生局部破坏。

观测实验一般有节点挠度和转角、杆件内力等。测量挠度,可采用位移计,测点一般布置于下弦节点。杆件内力测量,可用电阻应变片,其安装位置随杆件受力条件和测量要求而定。

五、实验步骤

具体实验步骤如下:

(1) 考察实验场地及仪器设备,准备实验方案与实验方法;画记录表和记录图,进入实验室进行实验。

(2) 检查试件和实验装置,架位移计,要求垂直对准;先按单点加载方案安装杠杆加载装置(电阻应变片已预先贴好)。

(3) 预加载实验(5 kN 荷载)。检查装置试件和仪表工作是否正常,发现问题及时排除,然后卸预载。

(4) 做好记录准备,读仪表初值并记录初值。

(5) 正式实验。加载要求:5 级加载,每级 5 kN,满载后分级卸载,加、卸载每级停歇时间为 5 min,停歇的中间读数并记录。读数应尽可能保证同时性。

(6) 正式实验可重复两次。实验共进行两个循环,排除所测读数的偶然性。

预载的目的:消除节点和结合部位的间隙,使结构进入正常工作状态;检查全部实验装置的可靠性;检查全部观测仪表的工作是否正常;检查现场的组织工作和人员的工作情况。卸载时及时排除发现的问题。预载过程中要注意观察应变及挠度测试仪表的读数是否发生变化,变化情况是否正常。最后开始正式加载及测量,采用分级等量的荷载进行加荷,每加一级荷载之后稳载 5 min,然后读取应变及挠度数据并记录。

六、注意事项

桁架实验由于荷载点高,加荷载过程中要特别注意安全,以防损坏仪器设备和造成人身伤害。

本实验采用缩尺钢桁架做非破损检验,以达到熟悉的目的。杆件应变测量点设置在杆件的中间区段,为消除自重弯矩的影响,电阻应变片均安装在截面的重心线上。挠度测点均布置在桁架下弦节点上,同时支座处尚应装置位移计测量沉降值及侧移值。

七、桁架各杆件实验内力分析

根据弹性理论(胡克定理)、杆件的实测截面面积 A、弹性模量 E 和实测应变值列表计算杆件内力并与理论值进行比较,或进行应变的理论值与实测值的比较。

根据单位荷载作用图进行应变的理论值计算(表 2-12-1、表 2-12-2)。

表 2-12-1　5 kN 荷载作用下杆件应变理论值计算表(与应变实验值比较)($\mu\varepsilon$)

计算 N_i	1	2	3	4	5	6	7	8	9	10	11	12	13	14	15	16	17	18	19	20	21
弹性模量 E/GPa																					
$N_{理i}$																					
截面面积 A_i /mm²																					
$\varepsilon_{理i} = N_{理i}/EA_i$																					

表 2-12-2　理论值与实测值对比(应变结果表)($\mu\varepsilon$)

项目		1	2	3	4	5	6	7	8	9	10	11	……	21
加载	理论													
	实测													
	理论													
	实测													
	理论													
	实测													
	理论													
	实测													
	理论													
	实测													
卸载	理论													
	实测													

第三部分　土力学实验

试 样 制 备

一、概述

试样制备是获得正确的实验成果的前提,为保证实验成果的可靠性以及实验数据的可比性,应具备一个统一的试样制备方法和程序。

试样制备可分为原状土的试样制备和扰动土的试样制备。对于原状土的试样制备主要包括土样的开启、描述、切取等程序;而扰动土的试样制备程序则主要包括风干、碾散、过筛、分样和贮存等预备程序以及击实等制备程序,这些程序步骤的正确与否,都会直接影响实验成果的可靠性,因此,试样制备是土工实验工作的首要质量要素。

二、仪器设备

试样制备所需的主要仪器设备包括:

(1) 孔径 0.5 mm、2 mm 和 5 mm 的细筛。

(2) 孔径 0.075 mm 的洗筛。

(3) 称量 10 kg、最小分度值 5 g 的台秤。

(4) 称量 5 000 g、最小分度值 1 g 和称量 200 g、最小分度值 0.01 g 的天平。

(5) 不锈钢环刀(内径 61.8 mm、高 20 mm;内径 79.8 mm、高 20 mm 或内径 61.8 mm、高 40 mm)。

(6) 击样器:包括活塞、导筒和环刀。

(7) 其他:切土刀、钢丝锯、碎土工具、烘箱、保湿器、喷水设备、凡士林等。

三、试样制备步骤

(一)原状土试样制备步骤

(1) 将土样筒按标明的上下方向放置,剥去蜡封和胶带,开启土样筒取土样。

(2) 检查土样结构,若土样已扰动,则不应作为制备力学性质实验的试样。

(3) 根据实验要求确定环刀尺寸,并在环刀内壁涂一薄层凡士林,然后刃口向下放在土样上,将环刀垂直下压,同时用切土刀沿环刀外侧切削土样,边压边削直至土样高出环刀,制样时不得扰动土样。

(4) 采用钢丝锯或切土刀平整环刀两端土样,然后擦净环刀外壁,称环刀和土的总质量。

(5) 切削试样时,应对土样的层次、气味、颜色、夹杂物、裂缝和均匀性进行描述。

（6）从切削的余土中取代表性试样，供测定含水率以及颗粒分析、界限含水率等实验之用。

（7）原状土同一组试样间密度的允许差值不得大于 0.03 g/cm³，含水率差值不宜大于 2%。

（二）扰动土试样制备步骤

1. 扰动土试样的备样步骤

（1）将土样从土样筒或包装袋中取出，对土样的颜色、气味、夹杂物和土类及均匀程度进行描述，并将土样切成碎块，拌和均匀，取代表性土样测定含水率。

（2）先将土样风干或烘干，然后将风干或烘干的土样放在橡皮板上用木碾碾散，对不含砂和砾的土样，可用碎土器碾散，但在使用碎土器时应注意不得将土粒破碎。

（3）将分散后的土样根据实验要求过筛。对于物理性实验土样，如液限、塑限等实验，过 0.5 mm 筛；对于力学性实验土样，过 2 mm 筛；对于击实实验土样，过 5 mm 筛。对于含细粒土的砾质土，应先用水浸泡并充分搅拌，使粗细颗粒分离后，再按不同实验项目的要求进行过筛。

2. 扰动土试样的制样步骤

（1）试样制备的数量视实验需要而定，一般应多制备 1～2 个试样以备用。

（2）将碾散的风干土样通过孔径 2 mm 或 5 mm 的筛，取筛下足够实验用的土样，充分拌匀，并测定风干含水率，然后装入保湿缸或塑料袋内备用。

（3）根据环刀容积及所要求的干密度，按式（3-1-1）计算试样制备所需的风干土质量：

$$m_0 = (1 + 0.01w_0)\rho_{\mathrm{d}}V \tag{3-1-1}$$

式中　m_0——制备试样所需的风干含水率时的土样质量，g；

　　　w_0——风干含水率，%；

　　　ρ_{d}——试样所要求的干密度，g/cm³；

　　　V——试样体积，cm³。

（4）根据试样所要求的含水率，按式（3-1-2）计算制备试样所需的加水量：

$$m_{\mathrm{w}} = \frac{m_0}{1 + 0.01w_0} \times 0.01(w_1 - w_0) \tag{3-1-2}$$

式中　m_{w}——制备试样所需的加水量，g；

　　　w_1——试样所要求的含水率，%。

（5）称取过筛的风干土样平铺于搪瓷盘内，根据式（3-1-2）计算得到的加水量，用量筒量取，并将水均匀喷洒于土样上，充分拌匀后装入盛土容器内盖紧，润湿一昼夜。

（6）测定润湿土样不同位置处的含水率，不应少于两点，一组试样的含水量与要求的含水量之差不得大于 ±1%。

（7）扰动土试样的制备，可采用击样法、压样法和击实法。

击样法：将根据环刀容积和要求干密度所需质量的湿土，倒入装有环刀的击样器内，击实到所需密度，然后取出环刀。

压样法:将根据环刀容积和要求干密度所需质量的湿土,倒入装有环刀的压样器内,采用静压力通过活塞将土样压紧到所需的密度,然后取出环刀。

击实法:采用击实仪,将土样击实到所需的密度,用推土器推出,然后将环刀内壁涂一薄层凡士林,刃口向下放在土样上,将环刀垂直向下压,边压边削,直至土样伸出环刀为止,削去两端余土并修平。

(8)擦净环刀外壁,称取环刀和试样总质量,准确至 0.1 g,同一组试样的密度与要求的密度之差不得大于 ± 0.01 g/cm³。

(9)对不需要饱和,且不立即进行实验的试样,应存放在保湿器内备用。

四、试样饱和

土的孔隙逐渐被水填充的过程称为饱和,当土中孔隙全部被水充满时,该土则称为饱和土。

根据土样的透水性能,试样的饱和可分别采用浸水饱和法、毛细管饱和法和真空抽气饱和法三种方法。

(1)对于粗粒土,可采用直接在仪器内对试样进行浸水饱和法。

(2)对于渗透系数大于 10^{-4} cm/s 的细粒土,可采用毛细管饱和法。

(3)对于渗透系数小于或等于 10^{-4} cm/s 的细粒土,可采用真空抽气饱和法。

(一)试样饱和步骤

1. 毛细管饱和法

(1)选用框式饱和器,在装有试样的环刀上、下部分分别放滤纸和透水石,装入饱和器内,并通过框架两端的螺丝将透水石、环刀夹紧。

(2)将装好试样的饱和器放入水箱内,注入清水,水面不宜将试样淹没,以使土中气体得以排出。

(3)关上箱盖,浸水时间不得少于两昼夜,以使试样充分饱和。

(4)试样饱和后,取出饱和器,松开螺母,取出环刀擦干外壁,取下试样上下的滤纸,称取环刀和试样的总质量,准确至 0.1 g,并计算试样的饱和度,当饱和度低于 95%时,应继续饱和。

2. 抽气饱和法

(1)选用重叠式或框式饱和器(图 3-1-1)以及真空饱和装置(图 3-1-2)。在重叠式饱和器下夹板的正中,依次放置透水石、滤纸、带试样的环刀、滤纸、透水石,如此顺序重复,由下向上重叠到拉杆高度,将饱和器上夹板盖好后,拧紧拉杆上端的螺母,将各个环刀在上、下夹板间夹紧。

(2)将装有试样的饱和器放入真空缸内,真空缸和盖之间涂一薄层凡士林,并盖紧。

(3)将真空缸与抽气机接通,启动抽气机,当真空压力表读数接近当地一个大气压力值后,继续抽气不少于 1 h,然后微开管夹,使清水由引水管徐徐注入真空缸内。在注水过程中,微调管夹,以使真空压力表的读数基本保持不变。

(4)待水淹没饱和器后,即停止抽气,开管夹使空气进入真空缸,静止一段时间,对于细粒土,为 10 h 左右,借助大气压力,从而使试样充分饱和。

(5) 打开真空缸,从饱和器内取出带环刀的试样,称取环刀和试样总质量,并计算试样的饱和度,当饱和度低于 95％时,应继续抽气饱和。

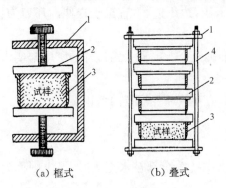

(a) 框式   (b) 叠式

图 3-1-1 饱和器

1—夹板 2—透水板 3—环刀 4—拉杆

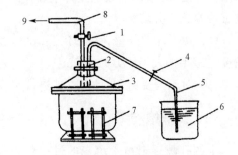

图 3-1-2 真空饱和装置

1—二通阀 2—橡皮塞 3—真空缸 4—管夹 5—引水管
6—盛水器 7—饱和器 8—排气管 9—接抽气机

(二) 饱和度计算

试样的饱和度可按式(3-1-3)计算:

$$S_r = \frac{(\rho - \rho_d)}{\rho_d e} \cdot d_s \quad 或 \quad S_r = \frac{w d_s}{e} \tag{3-1-3}$$

式中　S_r——试样的饱和度,％;

　　　w——试样饱和后的含水量,％;

　　　ρ——试样饱和后的密度,g/cm³;

　　　ρ_d——试样的干密度,g/cm³;

　　　d_s——土粒比重;

　　　e——试样的孔隙比。

实验 2

土的颗粒分析实验

实验 2-1 筛 析 法

一、实验目的

(1) 测定粒径大于 0.075 mm 的干土中各粒组占该土总质量的百分数,以便了解土的粒度成分或颗粒级配。

(2) 供砂类土的分类、判断土的工程性质以及作建材选料之用。

二、实验内容

本实验采用筛析法,适用于粒径小于或等于 60 mm 以及大于 0.075 mm 的土。

三、实验仪器设备

(1) 分析筛:

① 粗筛:孔径为 60 mm、40 mm、20 mm、10 mm、5 mm、2 mm。

② 细筛:孔径为 2.0 mm、1.0 mm、0.5 mm、0.25 mm、0.075 mm。

(2) 天平:称量为 5 000 g,最小分度值 1 g;称量为 1 000 g,最小分度值 0.1 g;称量为 200 g,最小分度值 0.01 g。

(3) 振筛机:筛析过程中应能上下振动。

(4) 其他:烘箱、研体、瓷盘、毛刷等。

四、实验方法与步骤

(1) 称取试样质量,应准确至 0.1 g,试样数量超过 500 g 时,应准确至 1 g。

(2) 将试样过 2 mm 的筛,称筛上和筛下的试样质量,当筛下的试样质量小于试样总质量的 10% 时,不作细筛分析;筛上的试样质量小于试样总质量的 10% 时,不作粗筛分析。

(3) 取筛上的试样倒入依次叠好的粗筛中,筛下的试样倒入依次叠好的细筛中,进行筛析。细筛宜置于振筛机上振筛,振筛时间宜为 10~15 min。再按由上而下的顺序将各筛取下,称各级筛上及底盘内试样的质量,应准确至 0.1 g。

(4) 筛后各级筛上和筛底上试样质量的总和与筛前试样总质量的差值,不得大于试样总质量的 1%。

对于含有细粒土颗粒的砂土的筛析法实验,应按下列步骤进行:

(1) 称取代表性试样,置于盛水容器中充分搅拌,使试样的粗细颗粒完全分离。

(2) 将容器中的试样悬液通过 2 mm 筛,取筛上的试样烘至恒量,称取烘干试样质量,应准确到 0.1 g,并按上述(3)、(4)步骤进行粗筛分析,取筛下的试样悬液,用带橡皮头的研杠研磨,再通过 0.075 mm 筛,并将筛上的试样烘至恒量,称取烘干试样质量,应准确到 0.1 g,然后再按上述(3)、(4)步骤进行细筛分析。

(3) 当粒径小于 0.075 mm 的试样质量大于试样总质量的 10% 时,则不能采用筛析法,而应采用密度计法或移液管法进行颗粒分析。

五、计算及制图

1) 计算公式

(1) 小于某粒径的试样质量占试样总质量的百分比,应按下式计算:

$$X = \frac{m_A}{m_B} \times d_x \tag{3-2-1}$$

式中　X—— 小于某粒径的试样质量占试样总质量的百分比,%;

　　　m_A—— 小于某粒径的试样质量,g;

　　　m_B—— 细筛分析时为所取的试样质量,粗筛分析时为试样总质量,g;

　　　d_x—— 粒径小于 2 mm 的试样质量占试样总质量的百分比,%。

(2) 计算级配定量指标。

① 按下式计算颗粒大小分布曲线的不均匀系数:

$$C_u = \frac{d_{60}}{d_{10}} \tag{3-2-2}$$

式中　C_u—— 不均匀系数;

　　　d_{60}—— 限制粒径,颗粒大小分布曲线上的某粒径,小于该粒径的土含量占总质量的 60%;

　　　d_{10}——有效粒径,颗粒大小分布曲线上的某粒径,小于该粒径的土含量占总质量的 10%。

② 按下式计算颗粒大小分布曲线的曲率系数:

$$C_c = \frac{d_{30}^2}{d_{10} \times d_{60}} \tag{3-2-3}$$

式中　C_c—— 曲率系数;

　　　d_{30}—— 颗粒大小分布曲线上的某粒径,小于该粒径的土含量占总质量的 30%。

2) 制图

以小于某粒径的试样质量占试样总质量的百分比为纵坐标,颗粒粒径为横坐标,在单对数坐标上绘制颗粒大小分布曲线。

六、实验记录

表 3-2-1　颗粒分析实验记录表(筛析法)

土样编号_____　　干土质量_____　　实验者_____
土样说明_____　　实验日期_____　　校核者_____

孔径/mm	留筛土质量/g	累积留筛土质量/g	小于该孔径的土质量/g	小于该孔径的土质量百分数/%

实验 2-2　密度计法(比重计法)

一、实验目的

(1) 测定粒径小于 0.075 mm 的干土中各粒组占该土总质量的百分数,以便了解土的粒度成分或颗粒级配。

(2) 供黏性土的分类、判断土的工程性质以及作建材选料之用。

二、实验内容

本实验采用筛析法,适用于粒径小于或等于 60 mm 以及大于 0.075 mm 的土。

三、实验仪器设备

(1) 密度计(也称比重计):目前通常采用的密度计有甲、乙两种,现介绍甲种密度计。甲种密度计刻度从 0～60,最小分度单位为 1.0,如图 3-2-1 所示。

图 3-2-1　甲种密度计

（2）量筒：容积 1 000 mL。

（3）天平：称量 200 g，分度值 0.01 g。

（4）搅拌器：轮径 50 mm，孔径 3 mm。

（5）煮沸设备：电热器、三角烧瓶等。

（6）分散剂：4%浓度的六偏磷酸钠或其他分散剂。

（7）其他：温度计、蒸馏水、烧杯、研钵和秒表等。

四、实验方法与步骤

（1）称取试样：取有代表性的风干或烘干土样 100～200 g，放入研钵中，用带橡皮头的研棒研散，将研散后的土过 0.075 mm 筛，均匀拌和后称取试样 30 g。

（2）浸泡试样：将称好的试样小心倒入烧瓶中，注入 200 mL 蒸馏水对试样进行浸泡，浸泡时间不少于 18 h。

（3）煮沸分散：将浸泡好的试样稍加摇荡后，放在电热器上煮沸。煮沸时间从沸腾时开始，黏土约需要 1 h，其他土不少于 0.5 h，对教学实验，浸泡试样及煮沸分散均由实验室准备。

（4）制备悬液：土样经煮沸分散冷却后，倒入量筒内。然后加 4%浓度的六偏磷酸钠约 10 mL 于溶液中，再注入蒸馏水，使筒内的悬液达到 1 000 mL。

（5）搅拌悬液：用搅拌器在悬液深度上下搅拌 1 min，往复各 30 次，使悬液内土粒均匀分布。

（6）定时测读：取出搅拌器，立即开动秒表，测定经过 1 min、5 min、30 min、120 min、1 440 min 时的密度计读数。每次测读完后，立即将密度计取出，放入盛水量筒中，同时测记悬液温度，准确至 0.5 ℃。

五、实验注意事项

（1）5 min 时的读数包括 1 min 读数的时间，其余 30 min、120 min、1 440 min 的读数时间也是如此累加。

（2）读数后甲种密度计必须立即从量筒里取出，否则会阻碍土粒下沉速度。

六、计算及制图

（1）由于刻度、温度与加入分散剂等原因，密度计每一次读数须先经弯液面校正后，由实验室提供的 R-L 关系图，查得土粒有效沉降距离，计算颗粒的直径 d，按简化公式计算：

$$d = K\sqrt{\frac{L}{t}} \qquad (3\text{-}2\text{-}4)$$

式中　d——颗粒直径，mm；

　　　K——粒径计算系数（由实验室提供的资料查得）；

　　　L——某时间 t 内的土粒沉降距离（由实验室提供的资料查得）；

　　　t——沉降时间，s。

（2）将每一读数经过刻度与弯液面校正、温度校正、土粒比重校正和分散剂校正后，按下式计算小于某粒径的土质量百分数：

$$X(\%) = \frac{100}{m_s} C_s(R + m_t + n - C_D) \qquad (3\text{-}2\text{-}5)$$

式中　X——小于某粒径的土质量百分数，%；

　　　m_s——试样干土质量，30 g；

　　　C_s——土粒比重校正系数，可查甲种密度计的土粒比重校正值表（由实验室提供的资料查得）；

　　　R——甲种密度计读数；

　　　m_t——温度校正值，可查甲种密度计的温度校正值表（由实验室提供的资料查得）；

　　　n——刻度及弯液面校正值（由实验室提供的图表中查得）；

　　　C_D——分散剂校正值（由实验室提供的资料查得）。

（3）用小于某粒径的土质量百分数 $X(\%)$ 为纵坐标，粒径 d(mm) 的对数为横坐标，绘制颗粒大小级配曲线。

七、实验记录

表 3-2-2　颗粒分析实验记录表（密度计法）

土样编号_____　　密度计号_____　　试　验　者_____
干土质量_____　　量　筒　号_____　　校　核　者_____
土粒比重_____　　比重计校正值_____　　实验日期_____

下沉时间 t/min	悬液温度 T/℃	密度计读数 R	温度校正值 m_t	刻度弯液面校正值 n	分散剂校正值 C_D	$R_m = R+m_t+n-C_D$	$R_H = R_m \times C_s$	土粒落距 L/cm	粒径 d/mm	小于某孔径的土质量百分数 /%

土粒相对密度实验

一、实验目的

测定土粒相对密度，为计算土的孔隙比、饱和度以及土的其他物理力学实验（如颗粒分析的密度计法实验、固结实验等）提供必需的数据。

二、实验方法和内容

按照土粒粒径不同，分下列几种实验方法：①粒径等于或大于 5 mm 的土，且其中粒径为 20 mm 的土质量小于总土质量的 10%，用浮称法。②粒径等于或大于 5 mm 的土，且其中粒径为 20 mm 的土的含量大于或等于总土质量的 10%，用虹吸筒法。③粒径小于 5 mm 的土用比重瓶法。④当试样中既有粒径大于 5 mm 的土颗粒，又含有粒径小于 5 mm 的土颗粒时，工程上采用平均土粒相对密度，取粗细颗粒相对密度的加权平均值。本实验采用比重瓶法，是目前最常用的方法。

土在 105～110℃下烘至恒量时的质量，可用天平直接测得。而它的体积则是利用阿基米德浮力原理将其浸没于液体中求得。根据土粒相对密度定义求出土粒相对密度。为准确测定土粒相对密度，必须排除土中的空气，破坏团聚结构，使土粒分散。对一般土可用纯水煮沸法进行分离。当土中含有可溶盐、有机质和亲水性胶体时，用中性液体代替纯水并应用真空抽气法排气。本实验采用煮沸法。

三、实验仪器设备

(1) 比重瓶：容积 100 mL 和 50 mL，分长颈和短颈两种。

(2) 恒温水槽：精度为 ±1℃。

(3) 电砂浴：能调节温度。

(4) 天平：称量 200 g，感量 0.001 g。

(5) 温度计：刻度为 0～50℃，分度值为 0.5℃。

(6) 其他：烘箱、分析筛、纯水等。

四、实验方法与步骤

(1) 将比重瓶洗净、烘干、冷却后称瓶的质量 m_b，精确至 0.001 g。

(2) 称取烘干土样 15 g（当用 50 mL 的比重瓶时取土样 10 g），装入比重瓶，称取瓶和试

样的质量 m_{bs},精确至 0.001 g。

（3）向比重瓶内注入半瓶纯水,稍加摇动放在电砂浴上煮沸排气。煮沸时间自悬液沸腾时算起,砂性土不应少于 30 min;黏性土不应少于 1 h。沸腾后应调节砂浴温度,比重瓶内悬液不得溢出。

（4）将经过煮沸、冷却的纯水注入装有试样的比重瓶中。当用长颈瓶时注水至刻度处;当用短颈瓶时应将水注满,塞紧瓶塞,多余水分可自瓶塞毛细管中溢出。将比重瓶置于恒温水槽内至温度稳定,且瓶内上部悬液澄清。

（5）取出比重瓶,擦干瓶外壁,称取比重瓶、水、试样总质量 m_{bws},精确至 0.001 g,并测定瓶内水的温度,精确至 0.5℃。

（6）倒出比重瓶中的悬液并清洗干净后,在比重瓶中注入纯水。对长颈比重瓶注水至刻度处,对短颈比重瓶应注满,塞紧瓶塞,多余水自瓶塞毛细管中溢出。将比重瓶放入恒温水槽至瓶内水温稳定。取出比重瓶,擦干外壁,称取瓶、水总质量 m_{bs},精确至 0.001 g,并测定恒温水槽内水温,精确至 0.5℃。

（7）比重瓶法比重实验,应进行两次平行测定。两次测定的差值不得大于 0.02,取两次测值的平均值。

五、成果整理

按下式计算土粒相对密度:

$$d_s = \frac{m_d}{m_{bw} + m_d - m_{bws}} G_T = \frac{m_{bs} - m_b}{m_{bw} + (m_{bs} - m_b) - m_{bws}} G_T \qquad (3\text{-}3\text{-}1)$$

式中　d_s——土粒相对密度;

　　　m_d——土粒质量,g;

　　　m_b——空瓶质量,g;

　　　m_{bs}——比重瓶、土总质量,g;

　　　m_{bws}——比重瓶、土、水总质量,g;

　　　m_{bw}——比重瓶、水总质量,g;

　　　G_T——T ℃的纯水的比重。

六、注意事项

（1）煮沸排气时,必须防止悬液溅出,如有悬液溅出,必须重新做实验。温度不宜过高,防止烧干。排气必须合乎要求,否则对实验结果影响很大。

（2）称取瓶、水或瓶、水、土的质量时,比重瓶内不能留有空气,如有残留空气应设法排除。

（3）称量必须准确。比重瓶外的水分必须擦干净。

七、实验记录

表 3-3-1 土粒相对密度实验记录表（比重瓶法）

工程名称＿＿＿＿＿＿＿＿   实验者＿＿＿＿＿＿＿

工程编号＿＿＿＿＿＿＿＿   计算者＿＿＿＿＿＿＿

实验日期＿＿＿＿＿＿＿＿   校核者＿＿＿＿＿＿＿

试样编号					工程编号		
比重瓶号					（查 表）		
比重瓶质量	m_b	g	（1）	（称 量）			
（瓶＋干土）质量	m_{bs}	g	（2）	（称 量）			
（瓶＋土＋水）质量	m_{bws}	g	（3）	（称 量）			
（瓶＋水）质量	m_{bw}	g	（4）	（称 量）			
干 土 质 量	m_d	g	（5）	（2）－（1）			
同体积水的质量	m_w	g	（6）	（4）＋（5）－（3）			
土 粒 比 重	d_{s1}		（7）	（5）/（6）			
土粒平均相对密度	d_{s2}		（8）	$\dfrac{d_{s1}+d_{s2}}{2}$			

土的密度实验

一、实验目的

测定土的湿密度,用以反映土体结构的松紧程度,是计算土的自重应力、干密度、孔隙比、孔隙度等指标的重要依据,也是挡土墙压力计算、土坡稳定性验算、地基承载力和沉降量估算以及路基路面施工填土压实度控制的重要指标之一。

二、实验内容

土的湿密度 ρ 是指土的单位体积质量,是土的基本物理性质指标之一,其单位为 g/cm^3。密度实验方法有环刀法、蜡封法、灌水法和灌砂法等。环刀法是采用一定体积环刀切取土样并称取土质量的方法,环刀内土的质量与体积之比即为土的密度。对于细粒土,宜采用环刀法;对于易碎裂、难以切削的土,可用蜡封法;对于现场粗粒土,可用灌水法或灌砂法。

三、实验仪器设备

(1) 环刀:内径 (61.8 ± 0.15) mm 和 (79.8 ± 0.15) mm,高度为 (20.0 ± 0.16) mm。
(2) 天平:称量 500 g,感量 0.1 g;称量 200 g,感量 0.01 g。
(3) 其他:切土刀、钢丝锯、玻璃片、凡士林等。

四、实验方法与步骤

(1) 用卡尺测出环刀的内径(d)和高度(h)算出环刀的容积,以厘米为单位。
(2) 称取环刀的质量(m_1)准确至 0.01 g。
(3) 按工程需要取原状或制备所需状态的扰动土样,土样的直径及高度均应大于环刀,整平其两端放在玻璃片上。
(4) 环刀内壁涂一薄层凡士林,刃口向下放在土样上,将环刀垂直下压,并用切土刀沿环刀外侧切削土样,边压边削至土样高出环刀。削去环刀两端土霜冻,修平表面。
(5) 擦净环刀外壁,称取环刀和土的总质量 m_2,准确至 0.01 g(取余土测含水量)。
(6) 环刀法密度实验应进行两次平行测定,两次测定的差值不得大于 0.03 g/cm^3,取两次测值的平均值。

五、成果整理

(1) 按下式计算土的湿密度 ρ(g/cm^3),计算精确至 0.01 g/cm^3:

$$\rho = \frac{m}{V} = \frac{m_2 - m_1}{V} \tag{3-4-1}$$

式中 ρ ——土的湿密度,g/cm³;

m ——湿土的质量,g;

m_1 ——环刀的质量,g;

m_2 ——环刀加土的质量,g;

V ——环刀的体积,cm³。

(2) 若测出试样的含水量 w,可求出试样干密度 ρ_d,g/cm³:

$$\rho_d = \frac{\rho}{1 + 0.01 \times w} \tag{3-4-2}$$

式中 ρ_d ——土的干密度,g/cm³;

w ——土的含水量,%。

六、注意事项

(1) 操作要细心、敏捷、准确,以减少水分蒸发和扰动试样的结构。

(2) 环刀的方向垂直不能歪斜,加压均匀轻微,不允许用锤或其他工具打环刀入土。

(3) 环刀周围的土不能用手搬掉。修平两端多余土样时,不能使土受压、扰动或磨光,尽量保持试样体积与环刀容积一致。

(4) 当削平环刀两端突出试样时,若有大于 5 mm 的砂粒或碎石在欲修平面时,应修补平整,如无法削平时,应另取试样重做。

(5) 称量时必须擦净环刀外壁,否则影响试样的质量。

七、实验记录

表 3-4-1 密度实验记录表(环刀法)

工程名称＿＿＿＿＿＿＿＿＿＿   实验者＿＿＿＿＿＿＿＿＿＿

工程编号＿＿＿＿＿＿＿＿＿＿   计算者＿＿＿＿＿＿＿＿＿＿

实验日期＿＿＿＿＿＿＿＿＿＿   校核者＿＿＿＿＿＿＿＿＿＿

试样编号	土样类别	环刀号	环刀加湿土质量/g	环刀质量/g	湿土质量/g	环刀容积/cm³	湿密度/(g·cm⁻³)	平均湿密度/(g·cm⁻³)	含水率/%	干密度/(g·cm⁻³)	平均干密度/(g·cm⁻³)

实验 5

土的含水率实验

一、实验目的

测定土的含水率,以了解土的含水情况,是计算土的干密度、孔隙比、饱和度、液性指数等不可缺少的依据,也是建筑物地基、路堤、土坝等施工质量控制的重要指标。

二、实验原理

含水率反映土的状态,含水率的变化将使土的一系列物理力学性质指标随之而异。这种影响表现在各个方面,如反映在土的稠度方面,使土成为坚硬的、可塑的或流动的;反映在土内水分的饱和程度方面,使土成为稍湿、很湿或饱和的;反映在土的力学性质方面,能使土的结构强度增加或减小、紧密或疏松,构成压缩性及稳定性的变化。测定含水率的方法有烘干法、酒精燃烧法、炒干法、微波法等。本书具体介绍烘干法、酒精燃烧法。

三、烘干法

烘干法是将试样放在温度能保持 105～110℃的烘箱中烘至恒量的方法,是室内测定含水率的标准方法。

1. 实验仪器设备

(1) 烘箱:保持温度为 105～110℃的自动控制电热恒温烘箱。

(2) 天平:称量 200 g、最小分度值 0.01 g 的天平。

(3) 其他:干燥器、称量盒(为简化计算手续可用恒质量盒)。

2. 实验步骤

(1) 称盒加湿土质量:从土样中选取具有代表性的试样 15～30 g(有机质土、砂类土和整体状构造冻土各 50 g),放入称量盒内,立即盖上盒盖,称盒加湿土质量,准确至 0.01 g。

(2) 烘干土样:打开盒盖,将试样和盒一起放入烘箱内,在温度 105～110℃下烘至恒量。试样烘至恒量的时间,对于黏土和粉土宜烘 8～10 h,对于砂土宜烘 6～8 h。对于有机质超过干土质量 5%的土,应将温度控制在 65～70℃的恒温下进行烘干。

(3) 称盒加干土质量:将烘干后试样和盒从烘箱中取出,盖上盒盖,放入干燥器内冷却到室温。将试样和盒从干燥器内取出,称盒加干土质量,准确至 0.01 g。

3. 注意事项

(1) 盒与盒盖应始终保持一致,盒子要保持干净,不准用手摸土样,以免影响精度。

(2) 测定含水率实验动作要快,以免水分蒸发,打开土样后立即取中心部分具有代表性的试样。

（3）烘干的试样应在干燥器内冷却后，再称其质量，以避免天平受热影响称量精度，防止热土吸收空气中的水分。

（4）当试样中含有机物时应同时做烧灼实验，并应在实验报告中注明有机物存在。

四、酒精燃烧法

酒精燃烧法是将试样和酒精拌合，点燃酒精，随着酒精的燃烧使试样水分蒸发的方法。酒精燃烧法是快速简易且较准确测定细粒土含水率的一种方法，适用于没有烘箱或土样较少的情况。

1. 实验仪器设备

（1）天平：称量 200 g、最小分度值 0.01 g 的天平。

（2）酒精：纯度 95% 的酒精。

（3）其他：称量盒（带盖）、滴管、火柴和调土刀。

2. 实验步骤

（1）从土样中选取具有代表性的试样（黏性土 5～10 g，砂性土 20～30 g），放入称量盒内，立即盖上盒盖，称盒加湿土质量，准确至 0.01 g。

（2）打开盒盖，用滴管将酒精注入放有试样的称量盒内，直至盒中出现自由液面为止，并使酒精在试样中充分混合均匀。

（3）将盒中酒精点燃，并烧至火焰自然熄灭。

（4）将试样冷却数分钟后，按上述方法再重复燃烧二次，当第三次火焰熄灭后，立即盖上盒盖，称盒加干土质量，准确至 0.01 g。

3. 注意事项

（1）盒与盒盖应始终保持一致，盒子要保持干净，不准用手摸土样，以免影响精度。

（2）测定含水率实验动作要快，以免水分蒸发，打开土样后立即取中心部分具有代表性的试样，并应尽量切取碎土做实验。

（3）酒精为易燃品，切勿用酒精瓶倒酒精，酒精瓶使用后应随时加盖，以免引起火灾。

（4）盒中酒精燃烧时必须让其自然熄灭。

五、成果整理

按式（3-5-1）计算含水率：

$$w = \frac{m_1 - m_2}{m_2 - m_0} \times 100\% \tag{3-5-1}$$

式中　w———含水率，%，精确至 0.1%；

　　　m_1———称量盒加湿土质量，g；

　　　m_2———称量盒加干土质量，g；

　　　m_0———称量盒质量，g。

含水率实验须进行两次平行测定，每组学生取两次土样测定含水率，取其算术平均值作为最后成果，但两次实验的平均差值不得大于表 3-5-1 中的规定。

表 3-5-1　含水率测定的允许平行差值

含水率/%	允许平行差值/%
$w<10$	0.5
$10\leqslant w<40$	1
$w\geqslant40$	2

六、实验记录

表 3-5-2　含水量实验记录表

工程名称＿＿＿＿＿＿＿　　实验者＿＿＿＿＿＿＿＿

工程编号＿＿＿＿＿＿＿　　计算者＿＿＿＿＿＿＿＿

实验日期＿＿＿＿＿＿＿　　校核者＿＿＿＿＿＿＿＿

试样编号	土样说明	盒号	盒质量/g	盒加湿土质量/g	盒加干土质量/g	湿土质量/g	干土质量/g	含水率/%	平均含水率/%	备注

实验 6

土的界限含水率实验

黏性土的状态随着含水率的变化而变化,当含水率不同时,黏性土可分别处于固态、半固态、可塑状态及流动状态,黏性土从一种状态转到另一种状态的分界含水率称为界限含水率。土从流动状态转到可塑状态的界限含水率称为液限 w_L;土从可塑状态转到半固体状态的界限含水率称为塑限 w_p;土由半固体状态不断蒸发水分,则体积逐渐缩小,直到体积不再缩小时的界限含水率称为缩限 w_s。

土的塑性指数 I_p 是指液限与塑限的差值,由于塑性指数在一定程度上综合反映了影响黏性土特征的各种重要因素,因此,黏性土常按塑性指数进行分类。

界限含水率实验要求土的颗粒粒径小于 0.5 mm,且有机质含量不超过 5%,且宜采用天然含水率试样,但也可采用风干试样,当试样含有粒径大于 0.5 mm 的土粒或杂质时,应过 0.5 mm 的筛。

实验 6-1　土的液限实验(圆锥仪法)

一、实验目的

测定土的液限,用于计算液、塑性指数、天然稠度、划分土类,为工程设计及估算地基承载力提供依据。

二、实验原理

圆锥仪液限实验就是将质量为 76 g 的圆锥仪轻放在调成糊状的试样的表面,使其在自重作用下沉入土中,若圆锥体经过 5 s 恰好沉入土中 10 mm 深度,此时试样的含水率就是液限。

三、实验仪器设备

(1) 圆锥液限仪(图 3-6-1),主要有三个部分:①质量为 76 g(精度 ±0.2 g)且带有平衡装置的圆锥,锤角 30°,高 25 mm,距锥尖 10 mm 处有环状刻度;②用金属材料或有机玻璃制成的试样杯,直径不小于 40 mm,高度不小于20 mm;③硬木或金属制成的平稳底座。

(2) 称量 200 g、最小分度值 0.01 g 的天平。

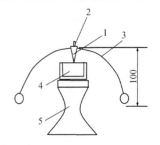

图 3-6-1　圆锥液限仪(单位:mm)
1—锥身;2—手柄;3—平衡装置;
4—试杯;5—底座

(3) 烘箱、干燥器。

(4) 铝制称量盒、调土刀、小刀、毛玻璃板、滴管、吹风机、孔径为 0.5 mm 的标准筛、研体等设备。

四、实验方法与步骤

(1) 选取具有代表性的天然含水率土样或风干土样,若土中含有较多大于 0.5 mm 的颗粒或夹有多量的杂物时,应将土样风干后用带橡皮头的研杵研碎或用木棒在橡皮板上压碎,然后再过 0.5 mm 的筛。

(2) 当采用天然含水率土样时,取代表性土样 250 g,将试样放在橡皮板上用纯水将土样调成均匀膏状,然后放入调土皿中,盖上湿布,浸润过夜。

(3) 将土样用调土刀充分调拌均匀后,分层装入试样杯中,并注意土中不能留有空隙,装满试杯后刮去余土使土样与杯口齐平,不得用刀在土面上反复涂抹,并将试样放在底座上。

(4) 将圆锥仪擦拭干净,并在锥尖上抹一薄层凡士林,两指捏住圆锥仪手柄,保持锥体垂直,当圆锥仪锥尖与试样表面正好接触时,轻轻松手让锥体自由沉入土中。放锥时要平稳,避免冲击。

(5) 放锥后约经 5 s,锥体入土深度恰好为 10 mm 的圆锥环状刻度线处,此时土的含水率即为液限。

(6) 若锥体入土深度超过或小于 10 mm 时,表示试样的含水率高于或低于液限,应该用小刀挖去沾有凡士林的土,然后将试样全部取出,放在橡皮板或毛玻璃板上,根据试样的干、湿情况,适当加纯水或边调边风干重新拌合,然后重复(3)～(5)实验步骤。

(7) 取出锥体,用小刀挖去沾有凡士林的土,然后取锥孔附近土样约 10～15 g,放入称量盒内,测定其含水率。

五、成果整理

按式(3-6-1)计算液限:

$$w_{\mathrm{L}} = \frac{m_2 - m_1}{m_1 - m_0} \times 100\% \tag{3-6-1}$$

式中　w_{L}——液限,%,精确至 0.1%;

　　　m_1——干土加称量盒质量,g;

　　　m_2——湿土加称量盒质量,g;

　　　m_3——称量盒质量,g。

液限实验需进行两次平行测定,并取其算术平均值,其平行差值不得大于 2%。

六、注意事项

(1) 实验时圆锥体上不能涂太多的凡士林,只要光滑即可。实验后应立即将沾有凡士林的部分土样去掉。

（2）土样含水率大于液限时，不能渗入未经湿化的干土。

（3）圆锥体下沉时，必须稳定铅直下沉，不能摇摆。圆锥尖与土样表面接触时即松手让其自重沉入试样，不能过高或过低。

（4）保护好圆锥仪的锥尖，用完后将圆锥体平放在实验台上。

七、实验记录

表 3-6-1　土的液限实验记录表（圆锥仪法）

工程名称＿＿＿＿＿＿＿＿＿　　　　　实验者＿＿＿＿＿＿＿＿＿
工程编号＿＿＿＿＿＿＿＿＿　　　　　计算者＿＿＿＿＿＿＿＿＿
实验日期＿＿＿＿＿＿＿＿＿　　　　　校核者＿＿＿＿＿＿＿＿＿

试样编号	盒号	盒加湿土质量/g	盒加干土质量/g	盒质量/g	水质量/g	干土质量/g	液限/%	液限平均值/%	备注

实验 6-2　土的塑限实验（搓条法）

一、实验目的

塑限是细粒土的可塑状态与半固体状态的界限含水率。测定土的塑限，用于计算液塑性指数、天然稠度、划分土类以及估计地基承载力。

二、实验原理

搓条法系瑞典农学家阿特堡首创，认为土条被搓至直径 3 mm 而节节断裂，断节约 4～10 mm 时，土中的含水率即为塑限含水率。

搓条法不易掌握，人为因素影响较大，但由于实验人员已在实践中积累了较多经验，国际上也有很多国家采用此法,故仍作为一种实验方法引入国家标准,本实验采用搓条法。

三、实验仪器设备

（1）200 mm×300 mm 的毛玻璃板。

（2）分度值 0.02 mm 的卡尺或直径 3 mm 的金属丝。

（3）称量 200 g,最小分度值 0.01 g 的天平。

（4）烘箱、干燥器。

（5）铝制称量盒、滴管、吹风机、孔径为 0.5 mm 的筛等。

四、实验方法与步骤

（1）取代表性天然含水率试样或过 0.5 mm 筛的代表性风干试样 100 g,放在盛土皿中加纯水拌匀,盖上湿布,湿润静止过夜,使水分浸润试样。

（2）将制备好的试样在手中揉捏至不黏手,然后将试样捏扁,若出现裂缝,则表示其含水率已接近塑限。

（3）取接近塑限含水率的试样 8~10 g,先用手捏成手指大小的土团(椭圆形或球形),然后再放在毛玻璃上用手掌轻轻滚搓,滚搓时应以手掌均匀施压于土条上,不得使土条在毛玻璃板上无力滚动,在任何情况下土条不得有空心现象,土条长度不宜大于手掌宽度,在滚搓时不得从手掌上任何一边脱出。

（4）当土条搓至 3 mm 直径时,表面产生许多裂缝,并开始断裂,此时试样的含水率即为塑限。若土条搓至 3 mm 直径时,仍未产生裂缝或断裂,表示试样的含水率高于塑限;或者土条直径在大于 3 mm 时已开始断裂,表示试样的含水率低于塑限,都应重新取样进行实验。

（5）取直径 3 mm 且有裂缝的土条 3~5 g,放入称量盒内,随即盖紧盒盖,测定土条的含水率。

五、成果整理

（1）按式(3-6-2)计算塑限

$$w_p = \frac{m_2 - m_1}{m_1 - m_0} \times 100\%$$ (3-6-2)

式中 w_p——塑限,%,精确至 0.1%;

   m_1——干土加称量盒质量,g;

   m_2——湿土加称量盒质量,g;

   m_0——称量盒质量,g。

塑限实验需进行两次平行测定,并取其算术平均值,其平行差值≤2%。

（2）计算塑性指数和液性指数

$$I_p = w_L - w_p \tag{3-6-3}$$

$$I_L = \frac{w_0 - w_p}{I_p} \tag{3-6-4}$$

式中　I_p——塑性指数；

　　　I_L——液性指数；

　　　w_0——天然含水率，％，用土的含水率实验结果或由实验室给出。

（3）土样定名及软硬状态

当 $I_p > 17$ 时，为黏土；当 $10 < I_p \leqslant 17$ 时，为粉质黏土。

六、注意事项

（1）滚搓时应保持手掌和毛玻璃板的清洁，不得有任何油污、汗液，手捏试样时不要包入空气。

（2）搓土条时，土条长度应不超过手掌宽度，过长时宜分成两段。

（3）土条达到塑限时，土条的各处有横向裂纹，如果没有裂纹的情况下而断裂，可能系用力不均所致，不能认为达到塑限。

（4）土样始终搓不到 3 mm 粗即行断裂，说明土无塑限，属于砂性土。

七、实验记录

表 3-6-2　土的塑限实验记录表（搓条法）

工程名称＿＿＿＿＿＿＿＿　　　　　　实验者＿＿＿＿＿＿＿＿＿＿

工程编号＿＿＿＿＿＿＿＿　　　　　　计算者＿＿＿＿＿＿＿＿＿＿

实验日期＿＿＿＿＿＿＿＿　　　　　　校核者＿＿＿＿＿＿＿＿＿＿

试样编号	盒号	盒加湿土质量/g	盒加干土质量/g	盒质量/g	水质量/g	干土质量/g	塑限/%	塑限平均值/%	备注

实验 6-3　液、塑限联合测定法

一、实验目的

液、塑限的概念及其实验目的同圆锥仪法测液限和搓条法测塑限。

二、实验内容

液、塑限联合测定法是根据圆锥仪的圆锥入土深度与其相应的含水率在双对数坐标上具有线性关系的特性来进行的。利用圆锥质量为 76 g 的液塑限联合测定仪测得土在不同含水率时的圆锥入土深度，并绘制其关系直线图，在图上查得圆锥下沉深度为 17 mm，所对应的含水率即为液限，查得圆锥下沉深度为 2 mm，所对应的含水率即塑限。

三、实验仪器设备

（1）液、塑限联合测定仪：锥质量为 76 g，锥角 30°，读数显示形式宜采用光电式、游标式或百分表式（图 3-6-2）。

（2）称量 200 g、最小分度值 0.01 g 的天平。

（3）烘箱。

（4）铝制称量盒、调土刀、孔径为 0.5 mm 的筛、滴管、吹风机、凡士林等。

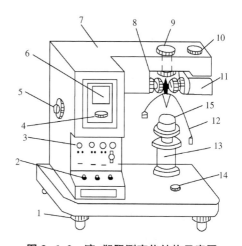

图 3-6-2　液、塑限测定仪结构示意图

1—水平调节螺丝；2—控制开关；3—指示灯；
4—零线调节螺钉；5—反光镜调节螺杆；6—屏幕；
7—机壳；8—物镜调节螺丝；9—电磁装置；
10—光源调节螺丝；11—光源装置；12—圆锥仪；
13—升降台；14—水平泡；15—盛土杯

四、实验方法与步骤

（1）取有代表性的天然含水率或风干土样进行实验。如土中含大于 0.5 mm 的颗粒或夹杂物较多时，可采用风干土样，用带橡皮头的研杵研碎或用木棒在橡皮板上压碎土块。试样必须反复研碎，过筛，直至将土块全部通过 0.5 mm 的筛为止。取筛下土样用三皿法或一皿法进行制样。

① 三皿法：用筛下土样 200 g 左右，分开放入三个盛土皿中，用吸管加入不同数量的蒸馏水或自来水，土样的含水量分别控制在液限、塑限以上和它们的中间状态附近。用调土刀调匀，盖上湿布，放置 18 h 以上。

② 一皿法：取筛下土样 100 g 左右，放入一个盛土皿中，按三皿法加水、调土、闷土，将土样的含水率控制在塑限以上，按（2）至（4）步骤进行第一点入土尝试和含水率测定。然后依次加水，按上述方法进行第二点和第三点含水率和入土深度测定，该两点土样的含水率应分别控制在液限、塑限中间状态和液限附近，但加水后要充分搅拌均匀，闷土时间可适当缩短。

（2）将制备好的土样充分搅拌均匀,分层装入土样试杯,用力压密,使空气逸出。对于较干的土样,应先充分搓揉,用调土刀反复压实。试杯装满后,刮成与杯边齐平。

（3）接通电源,调平机身,打开开关,装上锥体。

（4）将装好土样的试杯放在升降座上,手推升降座上的拨杆,使试杯徐徐上升,土样表面和锥体刚好接触,蜂鸣器报警,停止转动拨杆,按检测键,传感器清零,同时锥体立刻自行下沉,5 s 时液晶显示器上显示锥入深度,数据显示停留时间至少 5 s,实验完毕,使锥体复位（锥体上端有螺纹,可与测杆上螺纹相配）。

（5）改变锥尖与土体接触位置（锥尖两次锥入位置距离不小于 1 cm）,重复步骤（4）,测得锥深入试样深度值,允许误差为 0.5 mm,否则,应重做。

（6）去掉锥尖入土处的凡士林,取 10 g 以上的土样两个,分别放入称量盒内,称重（准确至 0.01 g）,测定其含水率 w_1、w_2（计算到 0.1%）。计算含水率平均值 w。

（7）重复（2）至（4）步骤,对其他两个不同含水率的土样进行实验,测其锥入深度和含水率。

五、成果整理

（1）含水率应按下式计算：

$$w = \frac{m_1 - m_2}{m_2 - m_0} \times 100\% \qquad (3\text{-}6\text{-}5)$$

式中　w——含水率,%,精确至 0.1%;

　　　m_1——称量盒加湿土质量,g;

　　　m_2——称量盒加干土质量,g;

　　　m_0——称量盒质量,g。

（2）以含水率为横坐标,圆锥下沉深度为纵坐标,在双对数坐标纸上绘制关系曲线。三点连一直线,如图 3-6-3 中的 A 线。当三点不在一直线上,通过高含水率的一点与其余两点连成两条直线,在圆锥下沉深度为 2 mm 处查得相应的含水率,当两个含水率的差值小于 2% 时,应以这两点含水率的平均值与高含水率的点连成一线,如图 3-6-3 中的 B 线。当两个含水率的差值大于或等于 2% 时,应补做实验。

（3）在圆锥下沉深度与含水率关系图上,查得下沉深度为 17 mm 所对应的含水率为液限;查得下沉深度为 2 mm 所对应的含水率为塑限,以百分数表示,取整数。

（4）计算塑性指数和液性指数：

$$I_p = w_L - w_p \qquad (3\text{-}6\text{-}6)$$

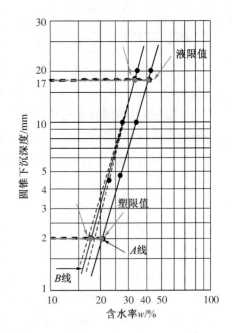

图 3-6-3　圆锥下沉深度与含水率关系图

$$I_{L} = \frac{w_0 - w_p}{I_p} \tag{3-6-7}$$

式中　I_p——塑性指数；

I_L——液性指数；

w_0——天然含水率，%，用土的含水率实验结果或由实验室给出。

（5）土样定名及软硬状态

当 $I_p > 17$ 时，为黏土；当 $10 < I_p \leqslant 17$ 时，为粉质黏土。

六、注意事项

（1）在实验中，测杆下落后，需要重新提起时，只需将测杆轻轻上推到位，便可自动锁住。

（2）试样杯放置到仪器工作平台上时，需轻轻平放，不与台面相互碰撞，更应避免其他金属等硬物与工作平台碰撞，有助于保持平台的平度。

（3）每次实验结束后，都应取下标准锥，用棉花或布擦干，存放在干燥处。

（4）配生块要在标准锥上面的螺纹上拧紧到位，尽可能间隙小。

（5）做实验前后，都应该保证测杆清洁。

（6）如果电源电压不稳，出现"死机"现象，各功能键失去作用，请将电源关闭，过 3 s 后，再重新启动即可。

七、实验记录

表 3-6-3　液塑限联合测定法实验记录表

工程名称＿＿＿＿＿＿＿　　　　　　　　实验者＿＿＿＿＿＿

工程编号＿＿＿＿＿＿＿　　　　　　　　计算者＿＿＿＿＿＿

实验日期＿＿＿＿＿＿＿　　　　　　　　校核者＿＿＿＿＿＿

试样编号	圆锥下沉深度/mm	盒号	盒加湿土质量/g	盒加干土质量/g	盒质量/g	水质量/g	干土质量/g	含水率/%	液限/%	塑限/%	塑性指数	液性指数

实验 7

砂土的相对密实度实验

一、实验目的

相对密度是测定无黏性土的最大和最小孔隙比,计算相对密度,用于判断砂土的密实度。

二、实验内容

砂土的相对密实度实验适用于透水性良好的无黏性土,是无黏性土处于最松状态的孔隙比与天然孔隙比之差和最松状态与最紧状态孔隙比之差的比值。最大孔隙比实验宜采用漏斗法和量筒法;最小孔隙比实验采用振动锤击法。

三、实验仪器设备

(1) 漏斗及拂平器:包括锥形塞、长颈漏斗、砂面拂平器等。
(2) 振动叉和击锤:包括击球、击锤、锤座等。
(3) 其他:量筒、击实筒。

四、实验方法与步骤

1. 最大孔隙比(最小干密度)测定

(1) 锥形塞杆自长颈漏斗下口穿入,并向上提起,使锥底堵住漏斗管口,一并放入 1 000 mL 的量筒内,使其下端与量筒底接触。

(2) 称取烘干的代表性试样 700 g,均匀缓慢地倒入漏斗中,将漏斗和锥形塞杆同时提高,移动塞杆,使锥体略离开管口,管口应经常保持高出砂面 1～2 cm,使试样缓慢且均匀分布地落入量筒中。试样全部落入量筒后,取出漏斗和锥形塞,用砂面拂平器将砂面拂平,测试样体积。

(3) 用手掌或橡皮板堵住量筒口,将量筒倒转并缓慢地转回到原来位置,重复数次,测记试样在量筒内所占体积的最大值。取上述两种方法测得的较大体积值,计算最小干密度。

2. 最小孔隙比(最大干密度)测定

(1) 取代表性试样 2 000 g,拌匀后分三次倒入金属圆筒进行振击,每层试样为圆筒容积的 1/3,试样倒入圆筒后用振动叉以每分钟往返 150～200 次的速度敲打圆筒两侧,并在同一时间内用击锤锤击试样,每分钟 30～60 次,直至试样体积不变为止。如此重复第二、第三层。

（2）取下护筒，刮平试样，称圆筒和试样总质量，算出试样质量，计算最大干密度。

五、成果整理

（1）最小干密度的计算：

$$\rho_{dmin} = \frac{m_d}{V_{max}} \qquad (3-7-1)$$

式中　m_d——试样干质量，g；

$\quad\quad V_{max}$——试样最大体积，cm^3；

（2）最大孔隙比的计算：

$$e_{max} = \frac{\rho_w \times d_s}{\rho_{dmin}} - 1 \qquad (3-7-2)$$

式中　ρ_w——水的密度，g/cm^3；

$\quad\quad d_s$——土粒相对密度。

（3）最大干密度的计算：

$$\rho_{dmax} = \frac{m_d}{V_{min}} \qquad (3-7-3)$$

式中　V_{min}——试样最小体积，cm^3。

（4）最小孔隙比的计算：

$$e_{min} = \frac{\rho_w \cdot d_s}{\rho_{dmax}} - 1 \qquad (3-7-4)$$

（5）相对密度的计算：

$$D_r = \frac{e_{max} - e_0}{e_{max} - e_{min}} \text{ 或 } D_r = \frac{\rho_{dmax}(\rho_d - \rho_{dmin})}{\rho_d(\rho_{dmax} - \rho_{min})} \qquad (3-7-5)$$

式中　D_r——相对密实度；

$\quad\quad e_0$——天然孔隙比；

$\quad\quad \rho_d$——天然干密度（或填土的相应干密度），g/cm^3。

六、注意事项

砂土的最大孔隙比和最小孔隙比必须进行两次平行测定，两次测定的密度差值不得大于 $0.3\ g/cm^3$，并取两次测值的平均值。

七、实验记录

表 3-7-1　相对密实度实验记录表

工程名称＿＿＿＿＿＿＿　　　　　　　　　实验者＿＿＿＿＿＿＿＿
工程编号＿＿＿＿＿＿＿　　　　　　　　　计算者＿＿＿＿＿＿＿＿
实验日期＿＿＿＿＿＿＿　　　　　　　　　校核者＿＿＿＿＿＿＿＿

试　验　项　目			最大孔隙比		最小孔隙比	
试　验　方　法			漏斗法		振打法	
试样质量/g	(1)					
试样体积/cm³	(2)					
干密度/(g·cm⁻³)	(3)	(1)÷(2)				
平均干密度/(g·cm⁻³)	(4)					
土粒相对密度 d_s	(5)					
孔隙比 e	(6)					
天然孔隙比 e_0	(7)					
相对密实度 D_r	(8)					

实验八

土的压缩固结实验

    土的压缩是在压力作用下土体体积逐渐变小的过程。压缩实验是将土放在金属容器内,在有侧限的条件下施加压力,由于土体是三相物体,因而土体被压缩的实质是土体中孔隙体积随着压力增大而减小。黏性土的透水性低,饱和黏性土中的水分只能慢慢排出,因此其压缩稳定所需的时间较长。土的压缩随着时间而增长的过程,称为固结。

一、实验目的

    (1) 测定试样在侧限与轴向排水条件下的变形与压力的关系,或孔隙比与压力的关系,变形与时间的关系。

    (2) 由测得的各关系曲线计算土的压缩系数 a_v、压缩模量 E_s、压缩指数 C_c、回弹指数 C_s、固结系数 C_v、地基的渗透系数 k 及土的先期固结压力 P_c 等,测定项目视工程需要而定。

    (3) 利用压缩实验所得的参数计算地基基础的变形量,预估地基承载力。

二、实验原理与方法

    用压缩仪在侧限与轴向排水条件下测出各级荷载作用下的试样变形量即高度变化量。

    当需要测定沉降速率时,则每施加一级压力后宜按下列顺序测记试样变形量。时间为 $6''$、$15''$、$1'$、$2'15''$、$4'$、$6'15''$、$9'$、$12'15''$、$16'$、$20'15''$、$25'$、$30'15''$、$36'$、$49'$、$64'$、$100'$、$200'$、$400'$、23 h、24 h,至稳定为止。

    当不需要测定沉降速度时,则施加每级压力后 24 h 测记试样变形量作为稳定标准。

    当试样的渗透系数大于 10^{-5} cm/s 时,允许以主固结完成作为相对稳定标准。按此步骤逐级加压至实验结束。

    当需要进行回弹实验时,可在某级压力(大于上覆压力)下固结稳定后退压,直至退到第一级压力,每次退压至 24 h 后测定试样的回弹量。

    本实验采用压力等级为 50 kPa、100 kPa、200 kPa、300 kPa,确定试样在 $100\sim200$ kPa 荷载下的压缩系数 a_{1-2}(MPa^{-1})、压缩模量 E_{s1-2}(MPa)等值。

三、实验仪器设备

    (1) 杠杆式固结仪:由固结容器、百分表、杠杆、平衡锤等组成(见图 3-8-1、图 3-8-2)。

    (2) 变形量测设备:量程为 10 mm,最小分度为 0.01 mm 百分表或准确度为全量程 0.2% 的位移传感器。

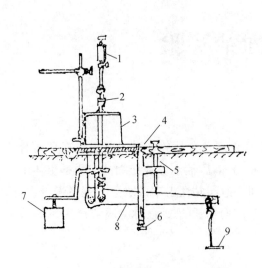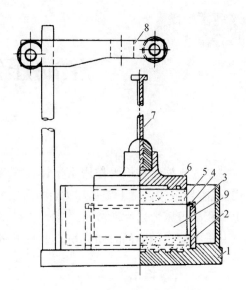

图 3-8-1　杠杆式固结仪装置示意图

1—百分表;2—上部横梁;3—压缩容器;
4—水平台;5—上部固定螺丝;6—下部固定螺丝;
7—平衡锤;8—杠杆;9—码盘

图 3-8-2　固结仪局部示意图

1—水槽;2—护环;3—环刀;4—导环;
5—透水石;6—加压上盖;7—位移计导杆;
8—位移计架;9—试样

（3）其他:快速烘箱(300～350℃)、电子天平(称量 1 000 g,感量 0.01 g)、测容重用环刀、刮土刀、钢丝锯、铝盒、玻璃板、秒表、凡士林、盛水盆、滤纸等。

四、实验方法与步骤

（1）按工程需要选择面积为 30 cm² 或 50 cm² 的切土环刀,环刀内壁涂上一薄层凡士林,刀口应向下放在原状或人工制备的扰动土上,切取原状土样时应与天然状态时垂直方向一致。

（2）边压边削,注意避免环刀偏心入土,应使整个土样进入环刀并凸出环刀为止,然后用钢丝锯或修土刀将两端余土削去修平,擦净环刀外壁。

（3）测定土样密度,并在余土中取代表性土样测定其含水率,然后用圆玻璃片将环刀两端盖上,防止水分蒸发。

（4）在固结仪的固结容器内装上带有试样的切土环刀(刀口向下),在土样两端应贴上洁净而润湿的滤纸,放上透水石,然后放入加压导环和加压板以及定向钢球。

（5）检查各部分连接处是否转动灵活;然后平衡加压部分(此项工作由实验室代做)。即转动平衡锤,目测上杠杆水平时,将装有土样的压缩部件放到框架内上横梁下,直至压缩部件之球柱与上横梁压帽之圆弧中心微接触。

（6）横梁与球柱接触后,插入活塞杆,装上测微表,使测微表表脚接触活塞杆顶面,并调节表脚,使其上的短针预调至 5～8 mm,并检查表是否能自由下落。

（7）加上 1 kPa 的预压荷载,使试样与仪器上下各部件之间接触良好,调整百分表,使测微表上的长针调整到零。

(8) 加载等级：按教学需要本次实验定为 0.5、1.0、2.0、3.0、4.0 kg/cm² 五级；即 50、100、200、300、400 kPa(1 kPa＝0.001 N/mm²)五级荷重系累计计数值。

(9) 卸除预压砝码，立即施加 $p_1'=50$ kPa 的压应力，并同时开动秒表，分别测记 0′、15″、1′、2′15″、4′、…、24 h 时百分表读数。实验过程中应始终保持加荷杠杆水平。

(10) 至连续两小时变形量不大于 0.01 mm，即认为变形稳定。然后逐渐加荷以 $p_1=100$ kPa，$p_2=200$ kPa，$p_3=300$ kPa 逐级施加压力，重复步骤(9)。每级荷载依次计算准确后加入砝码，加砝码时要注意安全，防止砝码放置不稳定而导致人身伤害。

(9) 实验结束后，必须先卸下测微表，然后卸掉砝码，升起加压框架，移出压缩仪器，取出试样后将仪器擦洗干净。

五、成果整理

(1) 按下式计算试样的初始孔隙比 e_0

$$e_0 = \frac{(1+w_0)d_s\rho_w}{\rho_0} - 1 \tag{3-8-1}$$

式中　e_0——初始孔隙比(土样在压缩前的孔隙比)；

　　　w_0——土样压缩前的含水率，%；

　　　d_s——土粒相对密度；

　　　ρ_w——水密度，约 1 g/cm³；

　　　ρ_0——土样压缩前的密度，g/cm³。

(2) 各级荷载作用下试样稳定后的单位沉降量

$$S_i = \frac{\sum \Delta h_i}{h_0} \tag{3-8-2}$$

式中　S_i——单位沉降量，mm/mm；

　　　h_0——试样初始高度，mm；

　　　$\sum \Delta h_i$——某级压力下试样稳定后的总变形量(等于该级压力下稳定读数减去仪器变形量，mm)。

(3) 各级压力下试样稳定后的孔隙比 e_i 应按下式计算

$$e_i = e_0 - (1+e_0)S_i \tag{3-8-3}$$

(4) 计算该土样的压缩系数 a_{1-2}，压缩模量 E_{s1-2}

$$a_{1-2} = 1\,000 \times \frac{e_1 - e_2}{p_2 - p_1} \tag{3-8-4}$$

$$E_{s1-2} = \frac{1+e_1}{a_{1-2}} \tag{3-8-5}$$

式中　a_{1-2}——试样在 100 kPa 至 200 kPa 荷载下的压缩系数，MPa⁻¹；

E_{s1-2}——试样在 100 kPa 至 200 kPa 荷载下
的压缩模量,MPa;

e_1、e_2——试样在 100 kPa 至 200 kPa 荷载下
变形稳定后的孔隙比;

p_1、p_2——试样所受应力 $p_1 = 100$ kPa,
$p_2 = 200$ kPa。

(5) 以各级荷载 p_i 为横坐标,以其对应的孔隙
比 e_i 为纵坐标,绘制 e_i-p_i 关系曲线图 3-8-3。

(6) 判定土的压缩性,土的压缩性判定见表
3-8-1。

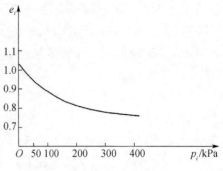

图 3-8-3 e-p 关系曲线

表 3-8-1 土的压缩性判定表

指 标	MPa^{-1}	$a_{1-2}<0.1$	$0.1{\leqslant}a_{1-2}<0.5$	$a_{1-2}{\geqslant}0.5$
	MPa	$E_{s1-2}>15$	$4{\leqslant}E_{s1-2}{\leqslant}15$	$E_{s1-2}<4$
压缩性判定		低压缩性土	中压缩性土	高压缩性土

六、注意事项

(1) 透水石应经常保持平整、清洁、透水性良好。

(2) 加荷后注水要视试样的天然含水量而定。当初始含水量大于或等于天然含水量
时,可注水饱和;当初始含水量小于天然含水量时,透水石仅需浇水浸湿,用湿棉纱围住加
压板周围,待加压至试样的土层自重压力时即可注水;若初始含水量小于塑限时,将透水石
稍为浸湿,用湿棉纱围住加压板直至实验结束。

(3) 加第一级荷载时,应根据土质的软硬程度确定,软黏土加荷量要小些,较密实的硬
试样,加荷可大些。

(4) 加荷时应轻放砝码避免冲击和摇晃。在实验过程中应保持杠杆水平,总荷重不能
超过加压设备的最大承荷载。

(5) 实验前,应检查仪器各部件是否灵敏、完好。如有必要应对压缩仪器进行校正,并
测定压缩仪的变形量。

七、实验记录

实验记录如表 3-8-2～表 3-8-4 所示。

表 3-8-2 含水率实验记录

试样编号	土样说明	盒号	盒质量/g	盒加湿土质量/g	盒加干土质量/g	湿土质量/g	干土质量/g	含水率/%	平均含水率/%	备注

表 3-8-3 密度实验记录

试样编号	土样类别	环刀号	环刀加湿土质量/g	环刀质量/g	湿土质量/g	环刀容积/cm³	湿密度/(g·cm⁻³)	平均湿密度/(g·cm⁻³)	含水率/%	干密度/(g·cm⁻³)	平均干密度/(g·cm⁻³)

表 3-8-4 土的压缩固结实验记录表

工程名称＿＿＿＿＿＿＿＿　　　　　　实验者＿＿＿＿＿＿
工程编号＿＿＿＿＿＿＿＿　　　　　　计算者＿＿＿＿＿＿
实验日期＿＿＿＿＿＿＿＿　　　　　　校核者＿＿＿＿＿＿

仪器编号＿＿＿＿　含水量 $w_0 =$ ＿＿＿＿ ％　土粒比重 $d_s =$ ＿＿＿＿　密度 $\rho_0 =$ ＿＿＿＿ g/cm³
天然孔隙比 $e_0 =$ ＿＿＿＿　土样高度 $h_0 =$ ＿＿＿＿ cm　土样面积 $A_0 =$ ＿＿＿＿ cm²

压缩时间(秒、分、时)	各级荷载下百分表读数/mm			
	p_1'	p_1	p_2	p_3
	50 kPa	100 kPa	200 kPa	300 kPa
6″				
15″				
1′				
2′15″				
4′				
6′15″				
9′				
12′5″				
16′				
25′15″				
25′				
30′15″				
36′				
49′				
64′				
100′				
200′				
400′				
23 h				
24 h				

（续表）

压缩时间（秒、分、时）					各级荷载下百分表读数/mm			
					p_1'	p_1	p_2	p_3
					50 kPa	100 kPa	200 kPa	300 kPa
仪器变形量	H_{i0}	mm	(1)	（查 表）				
总变形量	$\sum hn_{\mathrm{T}}$	mm	(2)	测读稳定值				
试样变形量	$\sum \Delta h_i$	mm	(3)	(2)−(1)				
单位沉降量	S_i	mm/mm	(4)	$\dfrac{(3)}{h_0}$				
变形后孔隙比	e_i		(5)	$e_0-(1+e_0)\times(4)$				

土的直接剪切实验

土的抗剪强度是指土体抵抗剪切破坏的极限能力,是土的重要力学性质指标之一。工程中的地基承载力、挡土墙土压力、土坡稳定等问题都与土的抗剪强度直接相关。根据库仑定律,土的抗剪强度与剪切面上的法向力成正比。其本质是由于土粒之间的滑动摩擦以及凹凸面间的镶嵌作用产生的摩阻力,其大小决定于土粒的表面粗糙度、密实度、土颗粒级配等因素。黏性土的抗剪强度由两部分组成,一部分是摩擦力,另一部分是土粒之间的黏聚力。

一、实验目的

直接剪切实验就是直接对试样进行剪切的实验,简称直剪实验,是测定土的抗剪强度的一种常用方法,通常采用 4 个试样,分别在不同的垂直应力 p 下,施加水平剪切力,测得试样破坏时的剪应力 τ,然后根据库仑定律确定土的抗剪强度参数内摩擦角 φ 和黏聚力 c。

二、实验方法、内容

由于土体在固结过程中孔隙水压力的消散,荷载在土体中产生的附加应力最后全部转化为有效应力,其实质是土体强度不断增长的过程。因此,剪切实验条件决定了同一种土在不同的实验条件下的抗剪强度不同。为了模拟现场土体的剪切条件,根据土的固结程度、剪切时的排水条件以及加荷速率,把剪切实验分为三种:

(1) 快剪实验(或不排水剪):土样施加法向应力后,立即施加水平剪切力,在 3～5 min 内将试样剪切破坏。在整个实验过程中不允许土样初始化含水量有所变化,即孔隙水压力保持不变。这种方法只适用于模拟现场土体较厚,透水性较差,施工速度较快,基本上来不及固结就被剪切破坏的情况(土的渗透系数小于 10^{-6} cm/s)。

(2) 固结快剪(或固结不排水剪):先将土样在法向应力作用下达到完全固结,然后施加水平剪切力。与快剪方法一样使土样剪切破坏,此方法只适用于模拟现场土体在自重或正常荷载条件下已达到完全固结状态,随后,又遇到突然增加荷载或因土层较薄,透水性较差,施工速度快的情况。

(3) 慢剪实验(或固结排水剪):先将土样在法向应力作用下,达到完全固结。随后施加慢速剪力(剪切速度应小于 0.02 mm/min)。剪切过程中使土中水能充分排出,使孔隙压力消散,直至土样剪切破坏。

本次实验采用快剪实验。

三、实验仪器设备

(1) 应变控制式直剪仪(图 3-9-1)。主要部件包括:剪切盒(水槽、上剪切盒、下剪切盒),垂直加压框架,测力计及推动机构等。

(2) 位移计(百分表):量程 5～10 mm,分度值 0.01 mm。

(3) 天平:称量 500 g,分度值 0.1 g。

(4) 环刀:内径 6.18 cm,高 2 cm。

(5) 其他:饱和器、削土刀(或钢丝锯)、秒表、滤纸、直尺等。

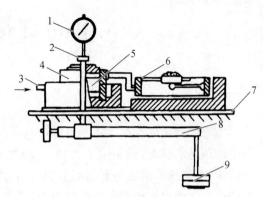

图 3-9-1 应变控制式直剪仪结构示意图
1—垂直变形百分表;2—垂直加压框架;
3—推动座;4—剪切盒;5—试样;6—测力计;
7—台板;8—杠杆;9—砝码

四、实验步骤

1. 试样制备

(1) 黏性土试样制备

从原状土样中切取原状土试样或制备给定干密度及含水率的扰动土试样。测定试样的密度及含水率。对于扰动试样需要饱和时,可对试样进行抽气饱和。

(2) 砂类土试样制备

① 取过 2 mm 筛孔的代表性风干砂样 1 200 g 备用。按要求的干密度称每个试样所需风干砂量,准确至 0.1 g。

② 对准上下盒,插入固定销,将洁净的透水板放入剪切盒内。

③ 将准备好的砂样倒入剪力盒内,拂平表面,放上一块硬木块,用手轻轻敲打,使试样达到要求的干密度,然后取出硬木块。

(3) 每组实验应取 4 个试样,在 4 种不同垂直压应力 p 下进行剪切实验。一个垂直压应力相当于现场预期的最大压应力 p,一个垂直压应力要大于 p。但垂直压力的各级差值要大致相等。也可以取垂直压应力分别为 100、200、300、400 kPa,各个垂直压应力可一次轻轻施加,若土质松软,也可分级施加以防试样挤出。

2. 仪器检查

(1) 将调整平衡的手轮逆时针旋转,使中心轴上升至顶端,以便加荷过程中调整杠杆水平。

(2) 调整平衡锤使杠杆水平。

(3) 检查仪器各部分接触是否紧密转动、是否灵敏。

(4) 安装百分表于量力环中,并检查百分表是否接触良好。

3. 试样安装与剪切

(1) 快剪实验

① 安装试样:对准上、下剪切盒并插入固定销钉。在下盒内放入透水石一块,其上放不透水蜡纸一张。将切取土样的环刀刀口向上对准上剪切盒口,在土样上面放上蜡纸一张,

用推土器推入剪切盒中,移去环刀,并在蜡纸上放透水石一块,然后依次加上传压盖板、钢珠及加压框架,并调整加压框,使钢珠与框架帽之间的缝隙为 1~3 mm。

② 垂直加荷:每组实验需要剪切不少于 4 个试样,分别在不同的垂直应力下剪切,垂直应力由现场情况估计出的最大应力决定,对一般的黏性土、砂土,宜采用 50 kPa、100 kPa、200 kPa、300 kPa 或 100 kPa、200 kPa、300 kPa、400 kPa 的垂直应力。对高含水量、低密度的土样可选用 20 kPa、50 kPa、100 kPa、200 kPa 的应力水平。

③ 水平剪切:先转动手轮,使上盒前端钢铰与量力环接触,调整百分表读数为零。拔出固定销钉,开动秒表,以 1 r/10 s 的速率旋转手轮,使试样在 3~5 min 内剪切破坏。剪切过程中,手轮应匀速不间断地旋转,并保持杠杆水平。剪切过程中,百分表指针不再上升或有明显后退时,表示试样已剪切破坏。若变形继续增加,而剪切变形(上下盖错开)4 mm 时,也认为试样已剪切破坏。记录手轮转数 n 以及量力环中百分表的读数 R。

④ 拆除容器:剪切结束,依次卸除百分表、垂直荷载、上盒等。重新装上另一试样进行下一级剪切实验,直到全部结束。

(2) 固结快剪实验

① 按快剪实验规定进行试样安装和定位。但试样上下两面的不透水板改放湿滤纸和透水板。

② 如系饱和试样,则在施加垂直应力 5 min 后,往剪切盒水槽内注满水;如系非饱和试样,仅在活塞周围包以湿棉花,防止水分蒸发。

③ 在试样上施加规定的垂直应力后,测记垂直变形读数。如每小时垂直变形读数变化不超过 0.005 mm,认为已达到固结稳定。

④ 试样达到固结稳定后,按快剪实验规定进行剪切,剪切后取试样测定剪切面附近试样的含水率。

(3) 慢剪实验

① 按快剪实验规定进行试样安装;按固结快剪实验规定进行试样固结。待试样固结稳定后进行剪切。剪切速率应小于 0.02 mm/min。也可按式(3-9-1)估算剪切破坏时间。

$$t_f = 50t_{50} \tag{3-9-1}$$

式中　t_f——达到破坏所经历的时间;

　　　t_{50}——固结度达到 50% 的时间。

② 剪损标准按快剪实验规定选取。

③ 按快剪实验规定进行拆卸试样及测定含水率。

五、成果整理

(1) 按式(3-9-2)计算试样的剪应力:

$$\tau = CR \tag{3-9-2}$$

式中　τ——剪应力,kPa;

　　　C——量力环校正系数;

　　　R——测力计读数,0.01 mm。

（2）按式(3-9-3)计算剪切位移:

$$\Delta L = 0.2n - R \tag{3-9-3}$$

式中　0.2——手轮每转一周,剪切盒位移0.2 mm;

　　　n——手轮转数。

（3）以剪应力为纵坐标,剪切位移为横坐标,绘制剪应力 τ 与剪切位移 ΔL 的关系。

（4）选取剪应力 τ 与剪切位移 ΔL 关系曲线上的峰值点或稳定值作为抗剪强度 s,如图 3-9-2 所示曲线上的箭头所示。如无明显峰点,则取剪切位移 ΔL 等于 4 mm 对应的剪应力作为抗剪强度 S,在图 3-9-2 中,p_1、p_2、p_3、p_4 为相应的垂直应力。

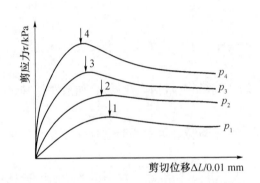

图 3-9-2　剪应力与剪切位移关系曲线

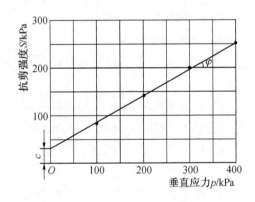

图 3-9-3　抗剪强度与垂直压力关系曲线

（5）以抗剪强度 S 为纵坐标,垂直应力 p 为横坐标,绘制抗剪强度 S 与垂直应力 p 的关系曲线,如图 3-9-3 所示。根据图上各点,绘一视测的直线。直线的倾角为土的内摩擦角 φ,直线在纵坐标轴上的截距为土的黏聚力 c。

六、注意事项

（1）对于一般黏性土采用峰值或最后值作为破坏应变。但对高含水量、低密度的软黏土,应力-应变曲线峰值不明显,应采用剪切位移不大于 4 mm 时的应变。因而应绘制剪应力与剪切位移关系曲线,选择抗剪强度。

（2）同组试样应在同台仪器上实验,以消除仪器误差。

（3）施加水平剪切力时,手轮务必要均匀连续转动,不得停顿间歇,以免引起受力不均匀。

（4）量力环不得摔打,并应定期校正。

七、实验记录

表 3-9-1 直剪实验记录表

工程编号_____   试验者_____
试样编号_____   计算者_____
试验日期_____   校核者_____

仪器编号	(1)	(2)	(3)	(4)	剪切位移/0.01 mm	测力计读数/0.01 mm	剪应力/kPa	垂直位移/0.01 mm
盒号								
湿土质量/g								
干土质量/g								
含水率/%								
测力计系数/(kPa/0.01 mm)								
试样质量/g								
试样密度/(g·cm^{-3})								
垂直应力/kPa								
固结沉降量/mm								

实验 10

土的无侧限抗压强度实验

一、实验目的

本实验的目的在于测定土的无侧限抗压强度及灵敏度。根据土的灵敏度判明其结构情况。灵敏度越大,结构性越差。

二、实验原理

土的无侧限抗压强度是土在无侧限压力条件下抵抗轴向压力的极限强度。实验时,土样所受的小主应力 $\sigma_3 = 0$,大主应力 σ_1 即为无侧限抗压强度,用 q_u 表示。

根据土的极限平衡条件知道:当土体被破坏时,由于水来不及排出,孔隙水压力等于总应力,有效应力为零,因而内摩擦角不发生作用,$\varphi = 0$。此法适用于高含水量、低密度的软黏土。因为莫尔圆相切于坐标原点,故 $\tau = c = \sigma_1/2 = q_u/2$,即软黏土的抗剪强度 τ(或内聚力 c)等于其无侧限抗压强度的一半。原状土的无侧限抗压强度与重塑状态的无侧限抗压强度之比为灵敏度 S_t。

三、实验仪器设备

(1) 应变控制式无侧限压缩仪:由测力计、加压框架、升降设备等组成,如图 3-10-1 所示。

(2) 切土器。

(3) 重塑筒:自身可拆成两半,内径为 3.5～4 cm,高 8～10 cm。

(4) 轴向位移计:量程为 10 mm,最小分度为 0.01 mm 百分表或准确度为全量程 0.2%的位移传感器。

(5) 天平:称量 100 g,感量 0.1 g。

(6) 其他:秒表、卡尺、凡士林、削土刀等。

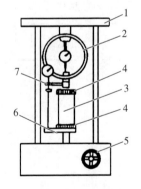

图 3-10-1 应变控制式无侧限压缩仪示意图

1—轴向加压架;2—轴向测力计;3—试样;
4—上、下传压板;5—手轮或电动转轮;
6—升降板;7—轴向位移计

四、实验方法与步骤

(1) 制备试样

① 将原状土样按天然层次的方向,放在切土盘上,用削土刀或钢丝锯紧靠侧杆由上往下边切边转动圆盘,直至切成与重塑筒体积相同的圆柱体为止(若试样表面有砾石等允许用碎土填补)。然后取下试样,横放于重塑筒内(重塑筒内壁先抹一层凡士林)沿筒两端整

修齐平,使试样的上、下两面彼此平行,且与侧面互相垂直。

② 从重塑筒内取出试样,用卡尺量测试样的高度和上、中、下各部位的直径,准确至 0.1 mm,然后称量,准确至 0.01 g,取余土测其含水量。

(2) 安装试样

① 将试样两端涂上一薄层凡士林,在气候干燥时试样周围亦需抹上一层凡士林,防止水分蒸发。

② 将试样放在底座上,转动手轮,使试样与加压板刚好接触,将测力计读数调至零。

(3) 轴向加压:轴向应变速率宜为每分钟 2‰～3‰。转动手柄,使升降设备上升进行实验。轴向应变小于 3‰时,每隔 0.5‰应变测读一次;轴向应变大于或等于 3‰时,每隔 1‰应变测读数,实验在 8～10 min 内完成。当测力计读数出现峰值时,继续进行 3‰～5‰ 的应变值后停止实验。当读数无峰值时,实验应进行到 20‰应变为止。

(4) 实验结束,取下试样,描述试样破坏后的变形情况。

(5) 若需测定灵敏度,应立即将实验破坏后的试样除去涂有凡士林的表面,加少量余土,包在塑料薄膜内用手反复搓捏,破坏其结构,重塑成圆柱体形状,放入重塑筒内,用金属垫板,将试样挤成与原状试样尺寸、密度和含水量相等的试样,再按前面的步骤进行实验。

五、成果整理

(1) 试样轴向应变,应按下式计算:

$$\varepsilon_i = \frac{\Delta h}{h_0} \tag{3-10-1}$$

$$\Delta h = n\Delta L - R \tag{3-10-2}$$

式中　ε_i——轴向应变,‰;

Δh——轴向变形,mm;

n——手轮转数;

ΔL——手轮每转一周,下加压板上升高度,mm;

R——百分表读数,0.01 mm。

(2) 试样平均直径和断面积,应按下式计算:

$$D_0 = \frac{D_1 + 2D_2 + D_3}{4} \tag{3-10-3}$$

$$A_a = \frac{A_0}{1 - \varepsilon_1} \tag{3-10-4}$$

式中　D_0——试样平均直径,cm;

A_0——实验前的试样断面积,cm²;

A_a——校正后的试样断面积,cm²。

(3) 轴向应力

试样所受的轴向应力,应按下式计算:

$$\sigma = \frac{C \cdot R}{A_s} \times 10 \qquad (3\text{-}10\text{-}5)$$

式中 σ——轴向应力,kPa;

10——单位换算系数。

（4）灵敏度

灵敏度应按下式计算：

$$S_t = \frac{q_u}{q'_u} \qquad (3\text{-}10\text{-}6)$$

式中 S_t——灵敏度;

q_u——原状试样的无侧限抗压强度,kPa;

q'_u——重塑试样的无侧限抗压强度,kPa。

（5）绘制轴向应变与轴向应力的关系曲线（图3-10-2）。以轴向应变为横坐标,以轴向应力为纵坐标,取曲线上最大轴向应力作为无侧限抗压强度,当曲线峰值不明显时,取轴向应变为15%处的轴向应力为无侧限抗压强度。

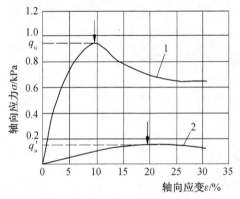

图 3-10-2 σ-ε 关系曲线

1—原状试样；2—重塑试样

（6）无侧限抗压强度实验的记录,应包括工程编号、试样编号、试样的密度和含水量、试样直径和高度、试样破坏时的轴向应变和轴向应力以及破坏时试样的描述。

六、注意事项

（1）试样的高度与直径的选择对实验结果影响很大,试样直径一般采用 3.5～4 cm,高度为直径的 2～2.5 倍。

（2）无侧限抗压强度实验是一种单轴强度实验,适用于测定饱和软黏土的抗压强度。对高塑性、无裂缝的饱和黏土,由于 $\varphi \approx 0$,因而可用无侧限抗压强度计算其不排水剪切强度。

（3）实验时,在轴向压力作用下,试样两端由于受摩擦力的作用,试样中部会膨胀呈鼓状,造成试样内应力不均,为减小该不利影响,可在试样两端抹一薄层凡士林。

（5）操作要细心、敏捷、准确，以减少水分蒸发和扰动试样的结构。

七、实验记录

表 3-10-1　无侧限抗压强度实验记录表

工程名称＿＿＿＿＿＿　　　　土样面积＿＿＿＿＿＿　　　　实验者＿＿＿＿＿＿

土样编号＿＿＿＿＿＿　　　　土样直径＿＿＿＿＿＿　　　　计算者＿＿＿＿＿＿

起始高度＿＿＿＿＿＿　　　　测力计率定系数＿＿＿＿＿＿　　实验日期＿＿＿＿＿＿

土状	竖向量表读数 /mm	测力计读数 R /mm	轴向变形 Δh /mm	轴向应变 ε_1 /%	校正后面积 A_a /cm^2	轴向荷重 P /N	无侧限抗压强度 σ /kPa
	(1)	(2)	(3)	$\dfrac{\Delta h}{h_0}$	$\dfrac{A_0}{1-0.01\varepsilon_1}$	$C\times(2)$	$\dfrac{P}{(A_a)}\times10$
原状土							
重塑土							

土的三轴压缩实验

三轴压缩实验是测定土体抗剪强度的一种方法,通常用 3~4 个圆柱形试样,分别在不同的恒定围压下(即小主应力 σ_3)施加轴向压力(即主应力差 $\sigma_1 - \sigma_3$)进行剪切直至破坏,然后根据莫尔-库仑理论,求得土的抗剪强度参数 c、ϕ 值。同时,实验过程中若测得孔隙水压力还可以得到土体的有效抗剪强度指标 c'、ϕ' 和孔隙水压力系数等。

一、实验目的

三轴压缩实验是用于测定细粒土和砂类土的总抗剪强度参数和有效抗剪强度参数的一种方法。堤坝填方、路堑、岸坡等是否稳定,挡土墙和建筑物地基是否能承受一定的荷载,都与土的抗剪强度有密切的关系。

二、实验原理

三轴剪切实验是用来测定试件在某一固定周围压力下的抗剪强度,然后根据三个以上试件,在不同周围压力下测得的抗剪强度,利用莫尔-库仑破坏准则确定土的抗剪强度参数。

三轴剪切实验可分为不固结不排水剪实验(UU)、固结不排水剪实验(CU)以及固结排水剪实验(CD)。

(1) 不固结不排水剪实验:试件在周围压力和轴向压力下直至破坏的全过程中均不允许排水,土样从开始加载至试样剪坏,土中的含水率始终保持不变,可测得总抗剪强度指标 c_u 和 ϕ_u。

(2) 固结不排水剪实验:试样先在周围压力下让土体排水固结,待固结稳定后,再在不排水条件下施加轴向压力直至破坏,可同时测定总抗剪强度指标 c_{cu} 和 ϕ_{cu} 或有效抗剪强度指标 c' 和 ϕ' 及孔隙水压力系数。

(3) 固结排水剪实验:试样先在周围压力下排水固结,然后允许在充分排水的条件下增加轴向压力直至破坏,可测得总抗剪强度指标 c_d 和 ϕ_d。

三、实验仪器设备

1. 应变控制式三轴仪

如图 3-11-1 所示,由反压力控制系统、周围压力控制系统、压力室、孔隙压力量测系统、实验机等组成。

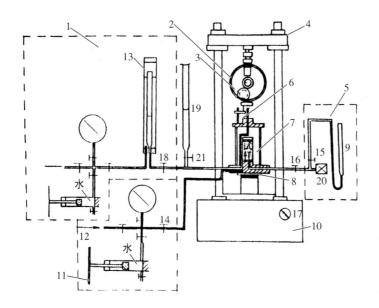

图 3-11-1　应变控制式三轴仪组成示意图

1—反压力控制系统；2—轴向测力计；3—轴向位移计；4—实验机横梁；
5—孔隙压力测量系统；6—活塞；7—压力室；8—升降台；9—量水管；
10—实验机；11—周围压力控制系统；12—压力源；13—体变管；
14—周围压力阀；15—量管阀；16—孔隙压力阀；17—手轮；
18—体变管阀；19—排水管；20—孔隙压力传感器；21—排水阀

2. 附属设备

（1）击实筒（见图 3-11-2）

（2）饱和器（见图 3-11-3）

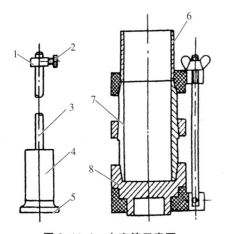

图 3-11-2　击实筒示意图

1—套环；2—定位螺丝；3—导杆；4—击锤；
5—底板；6—套筒；7—饱和器；8—底板

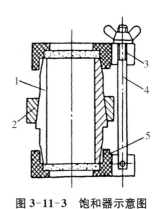

图 3-11-3　饱和器示意图

1—土样筒；2—紧箍；3—夹板；
4—拉杆；5—透水板

（3）切土盘（见图 3-11-4）

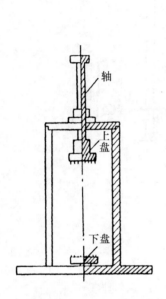

图 3-11-4　切土盘示意图

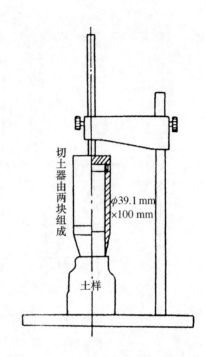

图 3-11-5　切土器和切土架示意图

（4）切土器和切土架（见图 3-11-5）

（5）分样器（见图 3-11-6）

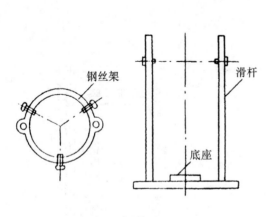

图 3-11-6　分样器示意图

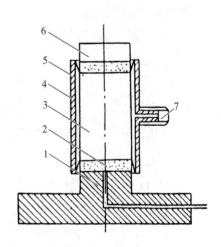

图 3-11-7　承膜筒安装示意图

1—压力室底座；2—透水板；3—试样；
4—承膜筒；5—橡皮膜；6—上帽；7—吸气孔

（6）承膜筒（见图 3-11-7）

(7) 制备砂样圆模(见图 3-11-8),用于冲填土或砂性土。

3. 天平

称量 200 g,分度值 0.01 g;称量 1 000 g,分度值
0.1 g;称量 5 000 g,分度值 1 g。

4. 量表

量程 30 mm,分度值 0.01 mm。

5. 橡皮膜

对直径 39.1 mm 和 61.8 mm 的试样,橡皮膜厚度以
0.1~0.2 mm 为宜;对直径 101 mm 的试样,橡皮膜厚度
以 0.2~0.3 mm 为宜。

四、仪器检查

(1) 周围压力控制系统和反压力控制系统的仪表的
误差应小于全量程的±1%,采用传感器时,其误差应小
于全量程的±0.5%,根据试样的强度大小,选择不同量
程的测力计,最大轴向压力的准确度不小于 1%。

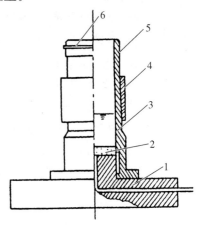

图 3-11-8　制备砂样圆模示意图
1—压力室底座;2—透水板;
3—制样圆模(两片合成);
4—紧箍;5—橡皮膜;6—橡皮圈

(2) 孔隙压力量测系统的气泡应排除。其方法是:孔隙压力量测系统中充以无气水(煮
沸冷却后的蒸馏水)并施加压力,小心打开孔隙压力阀,让管路中的气泡从压力室底座排
出。应反复几次,直到气泡完全冲出为止(若用零位指示器时,将零位指示器中的水银移入
贮槽内,关闭量管阀,用调压管对孔隙压力测量系统加压排除气泡,需要注意,不要使贮槽
内水银冲出指示器。排气完毕后,从贮槽中移回水银,关闭孔隙压力阀,用调压筒施加压
力)。孔隙压力量测系统的体积因数,应小于 0.5×10^{-5} cm³/kPa。

(3) 排水管路应通畅。活塞在轴套内应能自由滑动,各连接处应无漏水漏气现象。待
仪器检查完毕,关周围压力阀、孔隙压力阀和排水阀,以备使用。

(4) 橡皮膜在使用前应仔细检查。其方法是扎紧两端,在膜内充气,然后沉入水下检查
应无气泡溢出。

五、实验方法与步骤

1. 试样制备

(1) 试样尺寸应符合下列要求

试样高度 H 与直径 D 之比(H/D)应为 2.0~2.5,对于有裂隙、软弱面或构造面的试
样,直径 D 宜采用 101 mm。

(2) 原状土试样制备

① 对于较软的土样,先用钢丝锯或削土刀切取一稍大于规定尺寸的土柱,放在切土盘
的上、下圆盘之间,见图 3-11-4。再用钢丝锯或削土刀紧靠侧板,由上往下细心切削,边切
削边转动圆盘,直至土样的直径被削成规定的直径为止。然后按试样高度的要求,削平上
下两端。对于直径为 10 cm 的软黏土土样,可先用分样器(图 3-11-6)分成 3 个土柱,然后

再按上述方法,切削成直径为 39.1 mm 的试样。

② 对于较硬的土样,先用削土刀或钢丝锯切取一稍大于规定尺寸的土柱,上、下两端削平,按试样要求的层次方向,放在切土架上,用切土器切削,见图 11-5。先在切土器刀口内壁涂上一薄层油,将切土器的刀口对准土样顶面,边削土边压切土器,直至切削到比要求的试样高度约高 2 cm 为止,然后拆开切土器,将试样取出,按要求的高度将两端削平。试样的两端面应平整,互相平行,侧面垂直,上下均匀。在切样过程中,若试样表面因遇砾石而成孔洞,允许用切削下的余土填补。

③ 将切削好的试样称量,直径 101 mm 的试样准确至 1 g;直径 61.8 mm 和 39.1 mm 的试样准确至 0.1 g。试样高度和直径用卡尺量测,试样的平均直径按式(3-11-1)计算:

$$D_0 = \frac{D_1 + 2D_2 + D_3}{4} \tag{3-11-1}$$

式中　D_0——试样平均直径,mm;

　　D_1、D_2、D_3——分别为试样上、中、下部位的直径,mm。

取切下的余土,平行测定含水率,取其平均值作为试样的含水率。

对于同一组原状试样,密度的差值不宜大于 0.03 g/cm^3,含水率差值不宜大于 2%。

④ 对于特别坚硬的和很不均匀的土样,如不易切成平整、均匀的圆柱体时,允许切成与规定直径接近的柱体,按所需试样高度将上下两端削平,称取质量,然后包上橡皮膜,用浮称法称试样的质量,并换算出试样的体积和平均直径。

（3）扰动土试样制备（击实法）

① 选取一定数量的代表性土样(对直径 39.1 mm 试样约取 2 kg;61.8 mm 和 101 mm 试样分别取 10 kg 和 20 kg),经风干、碾碎、过筛(筛的孔径应符合表 3-11-1 的规定),测定风干含水率,按要求的含水率算出所需加水量。

表 3-11-1　土样粒径与试样直径的关系表

试样直径 D/mm	土样粒径 d/mm
39.1	$d < \frac{1}{10}D$
61.8	$d < \frac{1}{10}D$
101.0	$d < \frac{1}{5}D$

② 将需加的水量喷洒到土料上拌匀,稍静置后装入塑料袋,然后置于密闭容器内至少 20 h,使含水率均匀。取出土料复测其含水率。测定的含水率与要求的含水率的差值应小于 ±1%。否则需调整含水率至符合要求为止。

③ 击样筒的内径应与试样直径相同。击锤的直径宜小于试样直径,也允许采用与试样直径相等的击锤。击样筒壁在使用前应洗擦干净,涂一薄层凡士林。

④ 根据要求的干密度,称取所需土质量。按试样高度分层击实,粉质土分 3~5 层,黏质土分 5~8 层击实。各层土料质量相等。每层击实至要求高度后,将表面刨毛,然后再加第 2 层土料。如此继续进行,直至击完最后一层。将击样筒中的试样两端整平,取出称其质量,一组试样的密度差值应小于 0.02 g/cm³。

(4) 冲填土试样制备(土膏法)

① 取代表性土样风干、过筛,调成略大于液限的土膏,然后置于密闭容器内,储存 20 h 左右,测定土膏含水率,同一组试样含水率的差值不应大于 1%。

② 在压力室底座上装对开圆模和橡皮膜(在底座上的透水板上放一湿滤纸,连续底座的透水板均应饱和),橡皮膜与底座扎紧。称制备好的上膏,用调土刀将土膏装入橡皮膜内,装土膏时避免试样内夹有气泡。试样装好后整平上端,称剩余土膏,计算装入土膏的质量。在试样上部依次放湿滤纸、透水板和试样帽并扎紧橡皮膜。然后打开孔隙压力阀和量管阀,降低量水管,使其水位低于试样中心约 50 cm,测记量水管读数,算出排水后试样的含水率。拆去对开模,测定试样上、中、下部位的直径及高度,按式(3-11-1)计算试样的平均直径及体积。

(5) 砂类土试样制备

① 根据实验要求的试样干密度和试样体积称取所需风干砂样质量,分为三等份,在水中煮沸,冷却后待用。

② 开孔隙压力阀及量管阀,使压力室底座充水。将煮沸过的透水板滑入压力室底座上,并用橡皮带把透水板包扎在底座上,以防砂土漏入底座中。关孔隙压力阀及量管阀,将橡皮膜的一端套在压力室底座上并扎紧,将对开模套在底座上,将橡皮膜的上端翻出,然后抽气,使橡皮膜贴紧对开模内壁,见图 3-11-7。

③ 在橡皮膜内注脱气水约达试样高的 1/3。用长柄小勺将煮沸冷却的一份砂样装入膜中,填至该层要求高度。

④ 第 1 层砂样填完后,继续注水至试样高度的 2/3,再装第 2 层砂样。如此继续装样,直至模内装满为止。如果要求干密度较大,则可在填砂过程中轻轻敲打对开模,务使所称出的砂样填满规定的体积。然后放上透水板、试样帽,翻起橡皮膜,并扎紧在试样帽上。

⑤ 开量管阀降低量管,使管内水面低于试样中心高程以下约 0.2 m(对于直径 101 mm 的试样约 0.5 m),在试样内产生一定负压,使试样能站立。拆除对开模,按原状土试样制备方法测量试样高度与直径,复核试样干密度。各试样之间的干密度差值应小于 0.03 g/cm³。

2. 试样饱和

(1) 抽气饱和

将装有试样的饱和器置于无水的抽气缸内,进行抽气,当真空度接近当地 1 个大气压后,应继续抽气,继续抽气时间宜符合下列要求:

粉质土	小于 0.5 h
黏质土	大于 1 h
密实的黏质土	大于 2 h

当抽气时间达到上述要求后,徐徐注入清水,并保持真空度稳定。待饱和器完全被水

淹没即停止抽气,并释放抽气缸的真空。试样在水下静置时间应大于 10 h,然后取出试样并称其质量。

(2) 水头饱和

对于粉土或粉质砂土,均可直接在仪器上用水头饱和。将试样装入压力室内(试样顶用透水帽),然后施加 20 kPa 的周围压力,并同时提高试样底部量管的水面和降低连接试样顶部固结排水管的水面,使两管水面差在 1 m 左右。打开量管阀、孔隙压力阀和排水阀,让水自下而上通过试样,直至同一时间间隔内量管流出的水量与固结排水管内的水量相等为止。

(3) 二氧化碳(CO_2)饱和

二氧化碳饱和适用于无黏性的松砂、紧砂及密度低的粉质土。二氧化碳的饱和装置见图 3-11-9,其步骤如下:

① 试样安装完成后,装上压力室罩,将各阀门关闭,开周围压力阀对试样施加 40~50 kPa 的周围压力。

② 将减压阀调至 20 kPa,开供气阀使 CO_2 气体由试样底部输入试样内。

③ 开体变管阀,当体变管内的水面无气泡时关闭供气阀。

④ 开孔隙压力阀及量管阀,升高量管内水面,保持水面高于体变管内水面约 0.2 m。

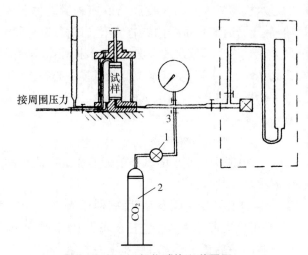

图 3-11-9　二氧化碳饱和装置图
1—减压阀;2—CO_2储气瓶;3—供气阀

⑤ 当量管内流出的水量约等于体变管内上升的水量为止,再继续水头饱和后,关闭体变管阀及孔隙压力阀。

(4) 反压力饱和

按上述规定方法进行试样饱和,并用 B 值(孔隙压力系数)检查饱和度,如试样的饱和度达不到 99%,可对试样施加反压力以达到完全饱和。施加反压力装置见图 3-11-1。其步骤如下:

① 试样装好以后装上压力室罩,关孔隙压力阀和反压力阀,测记体变管读数。先对试样施加 20 kPa 的周围压力预压。并开孔隙压力阀待孔隙压力稳定后记下读数,然后关孔隙压力阀。

② 反压力应分级施加,并同时分级施加周围压力,以尽量减少对试样的扰动。在施加反压力过程中,始终保持周围压力比反压力大 20 kPa。

反压力和周围压力的每级增量对软黏土取 30 kPa。对坚实的土或初始饱和度较低的土,取 50~70 kPa。

③ 操作时,先调周围压力至 50 kPa,并将反压力系统调至 30 kPa,同时打开周围压力阀和反压力阀,再缓缓打开孔隙压力阀,待孔隙压力稳定后,测记孔隙压力计和体变管读数,

再施加下一级的周围压力和反压力。

④ 算出本级周围压力下的孔隙压力增量 Δu,并与周围压力增量 $\Delta \sigma_3$ 比较,如 $\Delta u/\Delta \sigma_3 < 1$,则表示试样尚未饱和,这时关孔隙压力阀、反压力阀和周围压力阀,继续按上述规定施加下一级周围压力和反压力。

⑤ 当试样在某级压力下达到 $\Delta u/\Delta \sigma_3 = 1$ 时,应保持反压力不变,增大周围压力,假若试样内增加的孔隙压力等于周围压力的增量,表明试样已完全饱和;否则应重复上述步骤,直至试样饱和为止。

3. 试样安装和固结

(1) 不固结不排水剪实验(UU 实验)

① 对压力室底座充水,在底座上放置不透水板,并依次放置试样、不透水板及试样帽。

② 将橡皮膜套在承膜筒内,两端翻出筒外,从吸气孔吸气,使膜贴紧承膜筒内壁,然后套在试样外,放气,翻起橡皮膜的两端,取出承膜筒。用橡皮圈将橡皮膜分别扎紧在压力室底座和试样帽上。

③ 装上压力室罩。安装时应先将活塞提升,以防碰撞试样,压力室罩安放后,将活塞对准试样帽中心,并均匀地旋紧螺丝,再将轴向测力计对准活塞。

④ 开排气孔,向压力室充水,当压力室内快注满水时,降低进水速度,水从排气孔溢出时,关闭排气孔。

⑤ 关体变管阀及孔隙压力阀,开周围压力阀,施加所需的周围压力。周围压力大小应与工程的实际荷载相适应,并尽可能使最大周围压力与土体的最大实际荷载大致相等。也可按 100 kPa、200 kPa、300 kPa、400 kPa 施加。

⑥ 旋转手轮,同时转动活塞,当轴向测力计有微读数时表示活塞已与试样帽接触。然后将轴向测力计和轴向位移计的读数调整到零位。

(2) 固结不排水剪实验(测孔隙压力,$\overline{CU}$ 实验)

① 开孔隙压力阀及量管阀,使压力室底座充水排气,并关阀。将煮沸过的透水板滑入压力室底座上。然后放上湿滤纸和试样,试样上端亦放一湿滤纸及透水板。在其周围贴上 7~9 条浸湿的滤纸条(宽度为试样直径的 $\frac{1}{5} \sim \frac{1}{6}$ 左右),滤纸条上端与透水石连接。

② 将橡皮膜套在试样外。橡皮膜下端扎紧在压力室底座上。用软刷子或双手自下而上轻轻按压试样,以排除试样与橡皮膜之间的气泡。对于饱和软黏土,可开孔隙压力阀及量管阀,使水徐徐流入试样与橡皮膜之间,以排除夹气,然后关闭。

③ 开排水管阀,使水从试样帽徐徐流出以排除管路中气泡,并将试样帽置于试样顶端。排除顶端气泡,将橡皮膜扎紧在试样帽上。降低排水管,使其水面至试样中心高程以下 20~40 cm,吸出试样与像皮膜之间多余水分,然后关排水管阀。装上压力室罩并注满水。然后放低排水管使其水面与试样中心高度齐平,并测记其水面读数。关排水管阀。

④ 使量管水面位于试样中心的高度处。开量管阀(若用零位指示器时用调压筒调整零位指示器的水银面于毛细管指示线),测读传感器,记下孔隙压力计起始读数,然后关量管阀。施加周围压力,并调整各测力计和位移计读数。

⑤ 打开孔隙压力阀(若用零位指示器,用调压筒先将孔隙压力计读数调至接近该级周围压力大小,然后缓缓打开孔隙压力阀,并同时旋转调压筒,使毛细管内水银面保持不变),测记稳定后的孔隙压力读数,减去孔隙压力计起始读数,即为周围压力下试样的初始孔隙压力 u。如不测孔隙压力,可以不做本条要求的实验。

⑥ 开排水管阀的同时开动秒表,按 0 min、0.25 min、1 min、4 min、9 min……时间测记排水管水面及孔隙压力计读数。在整个实验过程中(零位指示器的水银面始终保持在原来位置),排水管水面应置于试样中心高度处。固结度至少应达到 95%(随时绘制排水量 ΔV 与时间平方根或时间对数曲线,见图 3-11-10(a)、(b))。

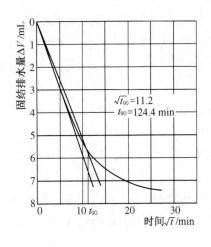

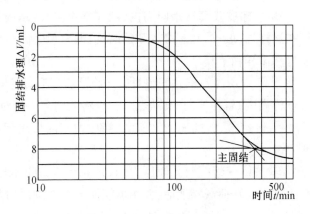

(a) 固结排水量与时间平方根曲线　　　　　(b) 固结排水量与时间对数曲线

图 3-11-10　排水量与排水时间的关系曲线

⑦ 如要求对试样施加反压力时,则按"反压力饱和"规定进行。然后关体变管阀,增大周围压力,使周围压力与反压力之差等于原来选定的周围压力,记录稳定的孔隙压力读数和体变管水面读数作为固结前的起始读数。

⑧ 开体变管阀,让试样通过体变管排水,并按⑤⑥的规定进行排水固结。

⑨ 固结完成后,关排水管阀或体变管阀,记下体变管或排水管和孔隙压力计的读数。然后转动细调手轮,到测力计读数开始微动时,表示活塞已与试样接触,记下轴向位移计读数,即为固结下沉量 Δh。依此算出固结后试样高度 h_c。然后将测力计、垂直位移计读数都调至零。

⑩ 其余几个试样按同样方法安装试样,并在不同周围压力下排水固结。

(3) 固结排水剪实验(CD 实验)

① 试样安装按(2)的①~④的规定进行。

② 排水固结按(2)的⑤~⑩的规定进行。

4. 试样剪切

(1) 实验机的电动机启动之前,应按表 3-11-2 的规定将各阀门关闭或开启。

表 3-11-2 各阀门开关状态

实验方法	体变管阀	排水管阀	周围压力阀	孔隙压力阀	量管阀
UU 实验	关	关	开	关	关
$\overline{\text{CU}}$实验（测孔隙压力）	关	关	开	开	关
CU 实验	关	关	开	关	关
CD 实验	开	开	开	开	关

注：实验中用体变管或排水管。

（2）试样的剪切应变速率按表 3-11-3 的规定选择。

表 3-11-3 剪切应变速率表

实验方法	剪切应变速率(%/min)	备 注
UU 实验	0.5～1.0	
$\overline{\text{CU}}$实验（测孔隙压力）	0.1～0.5 0.1～0.05 0.1＜0.05	粉 质 土 黏 质 土 高密度黏性土
CU 实验	0.5～1.0	
CD 实验	0.012～0.003	

（3）开动电动机，合上离合器，进行剪切。开始阶段，试样每产生轴向应变 0.3%～0.4%测记测力计读数和轴向位移计读数各 1 次。当轴向应变达 3%以后，读数间隔可延长为 0.7%～0.8%各测记 1 次。当接近峰值时应加密读数。如果试样为特别硬脆或软弱的土可酌情加密或减少测读的次数。

（4）当出现峰值后，再继续剪 3%～5%轴向应变；若测力计读数无明显减少，则剪切至轴向应变达 15%～20%。

（5）$\overline{\text{CU}}$实验（测孔隙压力），测读轴向位移计时应同时测读孔隙压力计的读数；CD 实验，测读轴向位移计时，应同时测读体变管读数或排水管读数。

（6）实验结束后关闭电动机，关闭周围压力阀，$\overline{\text{CU}}$实验（测孔隙压力）应关闭孔隙压力阀；CD 实验，则应关闭孔隙压力阀和体变管阀。然后拔出离合器，倒转手轮，开排气孔，排去压力室内的水，拆除压力室罩，揩干试样周围的余水，脱去试样外的橡皮膜，描述破坏后形状，称试样质量，测定实验后含水率。对于 39.1 mm 直径的试样，宜取整个试样烘干；61.8 mm 和 101 mm 直径的试样允许切取剪切面附近有代表性的部分土样烘干。

（7）对其余几个试样，在不同周围压力下以同样的剪切应变速率进行实验。

六、成果整理

1. 计算

（1）试样的高度、面积、体积及剪切时的面积计算公式列于表 3-11-4。

表 3-11-4　高度、面积、体积计算表

项目	起始	固　结　后		剪切时校正值
		按实测固结下沉	等应变筒转化式	
试样高度/cm	h_0	$H_c = h_0 - \Delta h_c$	$h_c = h_0 \times \left(1 - \dfrac{\Delta V}{V_0}\right)^{1/3}$	
试样面积/cm²	A_0	$A_c = \dfrac{V_0 - \Delta V}{h_c}$	$A_c = A_0 \times \left(1 - \dfrac{\Delta V}{V_0}\right)^{2/3}$	$A_a = \dfrac{A_0}{1 - 0.01\varepsilon_1}$（不固结不排水剪）　$A_a = \dfrac{A_c}{1 - 0.01\varepsilon_1}$（固结不排水剪）　$A_a = \dfrac{V_c - \Delta V_i}{h_c - \Delta h_i}$（固结排水剪）
试样体积/cm³	V_0	$V_c = h_c A_c$		

式中　Δh_c——固结下沉量,由轴向位移计测得,cm;

　　　ΔV——固结排水量(实测或实验前后试样质量差换算),cm³;

　　　ΔV_i——排水剪中剪切时的试样体积变化,按体变管或排水管读数求得,cm³;

　　　ε_1——轴向应变,%（不固结不排水剪中的 $\varepsilon_1 = \dfrac{\Delta h_i}{h_0}$,固结不排水剪及固结排水剪中的 $\varepsilon_1 = \dfrac{\Delta h_i}{h_c}$）;

　　　Δh_i——试样剪切时高度变化,由轴向位移计测得(cm),为方便起见,可预先绘制 ΔV-h_c 及 ΔV-A_c 的关系线备用。

(2) 按式(3-11-2)计算主应力差 $(\sigma_1 - \sigma_3)$:

$$(\sigma_1 - \sigma_3) = \frac{CR}{A_a} \times 10 \qquad (3\text{-}11\text{-}2)$$

式中　σ_1——大主应力,kPa;

　　　σ_3——小主应力,kPa;

　　　C——测力计率定系数,N/0.01 mm;

　　　R——测力计读数,0.01 mm;

　　　A_a——试样剪切时的面积,cm²;

　　　10——单位换算系数。

(3) 按式(3-11-3)计算有效主应力比 σ_1'/σ_3'

$$\frac{\sigma_1'}{\sigma_3'} = \frac{(\sigma_1 - \sigma_3)}{\sigma_3'} + 1 \qquad (3\text{-}11\text{-}3)$$

式中　$\sigma_1' = \sigma_1 - u$, kPa;

　　　$\sigma_3' = \sigma_3 - u$, kPa;

　　　σ_1'、σ_3'——有效大主应力和有效小主应力,kPa;

σ_1、σ_3——大主应力与小主应力,kPa;

u——孔隙水压力,kPa。

（4）按式(3-11-4)、式(3-11-5)计算孔隙压力系数 B 和 A:

$$B = \frac{u}{\sigma_3} \tag{3-11-4}$$

$$A = \frac{u_d}{B(\sigma_1 - \sigma_3)} \tag{3-11-5}$$

式中　u——试样在周围压力下产生的初始孔隙压力,kPa;

　　　u_d——试样在主应力差$(\sigma_1 - \sigma_3)$下产生的孔隙压力,kPa。

2. 制图

（1）根据需要分别绘制主应力差 $(\sigma_1 - \sigma_3)$ 与轴向应变 ε_1 的关系曲线（图 3-11-11）;有效主应力比(σ'_1/σ'_3)与轴向应变 ε_1 的关系曲线（图 3-11-12）;孔隙压力 u 与轴向应变 ε_1 的关系曲线（图 3-11-13）;用$\dfrac{\sigma'_1 - \sigma'_3}{2}\left(\dfrac{\sigma_1 - \sigma_3}{2}\right)$与$\dfrac{\sigma'_1 + \sigma'_3}{2}\left(\dfrac{\sigma_1 + \sigma_3}{2}\right)$作坐标的应力路径关系曲线图 3-11-14。

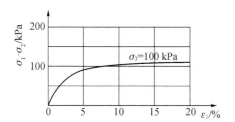

图 3-11-11　主应力差与轴向应变关系曲线

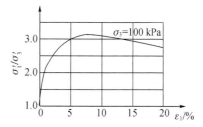

图 3-11-12　有效主应力比与轴向应变关系曲线

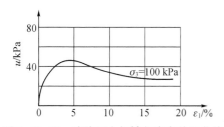

图 3-11-13　孔隙压力与轴向应变关系曲线

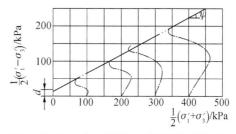

图 3-11-14　应力路径曲线(正常固结黏土)

（2）破坏点的取值。以 $(\sigma_1 - \sigma_3)$ 或 σ'_1/σ'_3 的峰点值作为破坏点。如$(\sigma_1 - \sigma_3)$ 和 σ'_1/σ'_3 均无峰值,应以应力路径的密集点或按一定轴向应变（一般可取 $\varepsilon_1 = 15\%$,经过论证也可根据工程情况选取破坏应变）相应的$(\sigma_1 - \sigma_3)$ 或 σ'_1/σ'_3 作为破坏强度值。

3. 绘制强度包线

（1）对于不固结不排水剪切实验及固结不排水剪切实验,以法向应力 σ 为横坐标,剪应力 τ 为纵坐标。在横坐标上以$\dfrac{\sigma_{1f} + \sigma_{3f}}{2}$为圆心,$\dfrac{\sigma_{1f} - \sigma_{3f}}{2}$为半径（f 注脚表示破坏时的值）,绘制破坏总应力圆后,作诸圆包线。该包线的倾角为内摩擦角 φ_u 或 φ_{cu}。包线在纵轴上的截距力

或黏聚力为 c_u 或 c_{cu}，见图 3-11-15 及图 3-11-16。

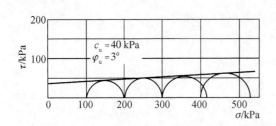

图 3-11-15　不固结不排水抗剪强度包线图　　　　图 3-11-16　固结不排水抗剪强度包线图

（2）在固结不排水剪切中测孔隙压力，则可确定试样破坏时的有效应力。以有效应力 σ' 为横坐标，剪应力 τ 为纵坐标。在横坐标轴上以 $\dfrac{\sigma'_{1f}+\sigma'_{3f}}{2}$ 为圆心、$\dfrac{\sigma'_{1f}-\sigma'_{3f}}{2}$ 为半径，绘制不同周围压力下的有效破坏应力圆后，作诸圆包线，包线的倾角为有效内摩擦角 φ'，包线在纵轴上的截距为有效黏聚力 c'。

（3）在排水剪切实验中，孔隙压力等于零，抗剪强度包线的倾角和纵轴上的截距分别以 φ_d 和 c_d 表示，如图 3-11-17。

④ 如各应力圆无规律，难以绘制各圆的强度包线，可按应力路径取值，即以 $\dfrac{\sigma_1-\sigma_3}{2}\left(\dfrac{\sigma'_1-\sigma'_3}{2}\right)$ 作为坐标，$\dfrac{\sigma'_1+\sigma'_3}{2}\left(\dfrac{\sigma_1+\sigma_3}{2}\right)$ 作横坐标，绘制应力圆，作通过各圆之圆顶点的平均直线，见图 3-11-18。根据直线的倾角及在纵坐标上的截距，按下列两式计算 φ' 和 c'：

$$\varphi' = \arcsin(\tan \alpha) \tag{3-11-6}$$

$$c' = \frac{d}{\cos \varphi'} \tag{3-11-7}$$

式中　α——平均直线的倾角，(°)；

d——平均直线在纵轴上的截距，kPa。

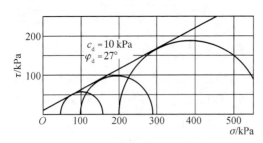

图 3-11-17　固结排水抗剪强度包线图

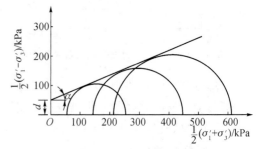

图 3-11-18　应力路径包线图

七、实验记录

本实验的记录格式如表 3-11-5、表 3-11-6、表 3-11-7 所示。

表 3-11-5　三轴压缩实验记录表

工程名称＿＿＿＿＿＿　　　　　　试验者＿＿＿＿＿＿＿
土样编号＿＿＿＿＿＿　　　　　　计算者＿＿＿＿＿＿＿
土样说明＿＿＿＿＿＿　　　　　　校核者＿＿＿＿＿＿＿
实验方法＿＿＿＿＿＿　　　　　　实验日期＿＿＿＿＿＿

试样状态				周围压力 σ_3/kPa	
项目	起始值	固结后	剪切后		
直径 D/cm				反压力 u_0/kPa	
高度 h/cm					
面积 A/cm^2				周围压力下的孔隙压力 u/kPa	
体积 V/cm^3					
质量 m/g				孔隙压力系数 $B=\dfrac{u}{\sigma_3}$	
密度 ρ/(g·cm^{-3})					
干密度 ρ_d/(g·cm^{-3})				破坏应变 ε_f/%	
试样含水率				破坏主应力差 $(\sigma_{1f}-\sigma_{3f})$/kPa	
项目	起始值	固结后	剪切后	破坏大主应力 σ_{1f}/kPa	
盒号				破坏孔隙压力系数 $\overline{B_f}=\dfrac{u_f}{\sigma_{1f}}$	
盒质量/g					
盒加湿土质量/g				相应的有效大主应力 σ_1'/kPa	
湿土质量/g				相应的有效大主应力 σ'_3/kPa	
盒加干土质量/g					
干土质量/g				最大有效主应力比 $\left(\dfrac{\sigma'_1}{\sigma'_3}\right)_{max}$	
水质量/g					
含水率 w/%				孔隙压力系数 $A_f=\dfrac{u_{df}}{B(\sigma_{1f}-\sigma_{3f})}$	
饱和度 S_r					

试样破坏情况的描述	呈鼓状破坏
备　注	

185

表 3-11-6　三轴压缩实验记录表

土样编号＿＿＿＿＿　　　　计 算 者＿＿＿＿＿
周围压力＿＿＿＿＿　　　　校 核 者＿＿＿＿＿
试 验 者＿＿＿＿＿　　　　实验日期＿＿＿＿＿

加反压力过程							说明（检验结果）	固结过程							说明（检验结果）
时间/min	周围压力 σ_3/kPa	反压力 u_0/kPa	孔隙压力 u/kPa	孔隙压力增量 Δu/kPa	试样体积变化			时间/min	量管		孔隙压力		体变管		
					读数/cm³	体变量/cm³			读数/cm³	排水量/cm³	读数/cm³	压力值/kPa	读数/cm³	体变值/cm³	

表 3-11-7　三轴压缩实验记录表

土样编号＿＿＿＿＿　　　　实验者＿＿＿＿＿
实验方法＿＿＿＿＿　　　　计算者＿＿＿＿＿
实验日期＿＿＿＿＿　　　　校核者＿＿＿＿＿

周围压力：　　　　kPa　　　　　　　固结下沉量：$\Delta h=$　　　　cm
剪切应变速率：　　　mm/min　　　　固结后高度：$h_c=$　　　　cm
测力计率定系数：　　N/0.01 mm　　固结后面积：$A_c=$　　　　cm²

轴向变形读数 Δh_i/0.01 mm	轴向应变 $\varepsilon_1=\dfrac{\Delta h_i}{h_c}$/%	试样校正后面积 $A_a=\dfrac{A_c}{1-\varepsilon_1}$/cm²	测力计表读数 R/0.1 mm	主应力差 $(\sigma_1-\sigma_3)=\dfrac{RC}{A_a}\times10$/kPa	大主应力 $\sigma_1=(\sigma_1-\sigma_3)+\sigma_3$/kPa	孔隙压力		试样体积变化				有效大主应力 σ_1'/kPa	有效小主应力 σ_3'/kPa	有效主应力比 $\dfrac{\sigma_1'}{\sigma_3'}$	$\dfrac{\sigma_1-\sigma_3}{2}$/kPa	$\dfrac{\sigma_1+\sigma_3}{2}$/kPa	$\dfrac{\sigma_1'+\sigma_3'}{2}$/kPa
						读数	压力值/kPa	排水管		体积变化							
								读数	排出水量/cm³	读数	体变量/cm³						

实验 12

击 实 实 验

一、实验目的

测定试样在一定击实次数下或某种压实功能下的含水率与干密度之间的关系,从而确定土的最大干密度和最优含水率,为施工控制填土密度提供设计依据。

二、实验内容

用标准击实实验方法,在一定夯击功能下测定各种细粒土、含砾土等的含水量与干密度的关系,从而确定土的最佳含水量与相应的最大干密度。

土粒径小于 5 mm 的黏性土用轻型击实实验,其单位体积击实功为 591.6 kJ/m³;土粒径小于或等于 40 mm 的土用重型击实实验,其单位体积击实功为 2 682.7 kJ/m³。

三、实验仪器设备

(1) 击实仪:由击实筒(图 3-12-1)、击锤[图 3-12-2(a)]和导筒[图 3-12-2(b)]组成,其尺寸应符合表 3-12-1 的规定。

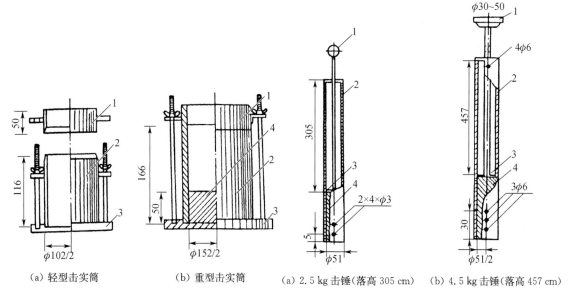

(a) 轻型击实筒　　(b) 重型击实筒　　(a) 2.5 kg 击锤(落高 305 cm)　(b) 4.5 kg 击锤(落高 457 cm)

图 3-12-1　击实筒(单位:mm)

1—护筒;2—击实筒;3—底板;4—垫块

图 3-12-2　击锤和导筒(单位:mm)

1—提手;2—导筒;3—硬橡皮垫;4—击锤

表 3-12-1　击实仪主要部件尺寸规格表

实验方法	锤底直径/mm	锤质量/kg	落高/mm	击实筒			护筒高度/mm	备注
				内径/mm	筒高/mm	容积/mm		
轻型	51	2.5	305	102	116	947.4	≥50	
重型	51	4.5	457	152	116	2 103.9	≥50	

(2) 天平:称量 200 g,分度值 0.1 g。

(3) 台秤:称量 10 kg,分度值 5 g。

(4) 标准筛:孔径为 20 mm 圆孔筛和 5 mm 标准筛。

(5) 试样推出器:宜用螺旋式千斤顶或液压式千斤顶,如无此类装置,也可用刮刀和修土刀从击实筒中取出试样。

(6) 其他:烘箱、喷水设备、碾土设备、盛土器、修土刀和保湿设备等。

四、实验方法与步骤

(1) 制备试样

① 称取代表性风干土样放在橡皮板上用木碾碾散,过 5 mm 筛,称土 15~20 kg,拌匀备用。

② 测定风干试样含水量,按试样的塑限,估计最优含水量。按依次相差 2% 的含水量,制备 5 个试样。其中两个分别大于和小于最优含水量。所需加水量按下式计算:

$$W_{\text{w}} = \frac{W_{\text{w}_0}}{1 + 0.01 w_0} \times 0.01(w - w_0) \qquad (3\text{-}12\text{-}1)$$

式中　W_{w}—— 所需的加水量,g;

　　　W_{w_0}—— 风干试样质量,g;

　　　w_0—— 试样的风干含水量,%;

　　　w——预定达到的含水量,%。

③ 每个试样取 2.5 kg,将其平铺于不吸水的平板上。把所需加的水量均匀喷洒在试样上,拌匀后装入塑料袋或密封器内浸润。浸润时间,对高塑性黏土不少于 24 h,低塑性黏土不少于 12 h。

(2) 分层击实:将击实仪放在坚实地面上,分三层击实。首先,取制备好的土样600~800 g 倒入击实筒内,整平表面,击实 25 击。击实时,击锤应垂直自由下落,落高为46 cm,均匀击于土面。然后,安装套环,把筒内土面刮毛,重复进行第二、三层的击实,击实后余土高略高于筒顶但不得大于 10 mm。

(3) 称量筒加土的质量:取下套环,用土刀削平土样端面。擦净筒的外壁。称量筒加土的质量,精确到 1 g。

(4) 测定含水量:用推土器推出筒中土样,从试样中部取出两个 20~30 g 的土样,平行测定其含水量。平行差值不得超过 1%。

(5) 按上述(2)、(3)、(4)步骤将不同含水量的几个土样进行分层击实和测定。

五、成果整理

(1) 按式(3-12-2)计算击实后各试样的含水率：

$$w = (m/m_d - 1) \times 100 \tag{3-12-2}$$

式中　w——含水率，%；

　　　m——湿土质量，g；

　　　m_d——干土质量，g。

(2) 按式(3-12-3)计算击实后各试样的干密度：

$$\rho_d = \frac{\rho}{1 + 0.01w} \tag{3-12-3}$$

式中　ρ_d——干密度，g/cm³；

　　　ρ——湿密度，g/cm³；

　　　w——含水率，%。

(3) 按式(3-12-4)计算土的饱和含水率：

$$w_{sat} = \left(\frac{\rho_w}{\rho_d} - \frac{1}{G_s} \right) \times 100 \tag{3-12-4}$$

式中　w_{sat}——饱和含水率，%；

　　　G_s——土粒比重；

　　　ρ_w——水的密度，g/cm³。

(4) 以干密度为纵坐标，含水率为横坐标，绘制干密度与含水率的关系曲线。曲线上峰值点的纵、横坐标分别代表土的最大干密度和最优含水率，如图 3-12-3 所示。如果曲线不能给出峰值点，应进行补点实验。

(5) 按式(3-12-4)计算数个干密度下土的饱和含水率。

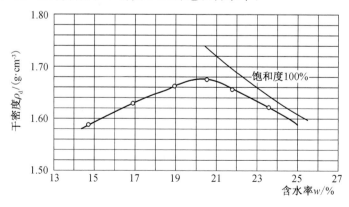

图 3-12-3　ρ_d-w 关系曲线

(6) 轻型击实实验中,当粒径大于 5 mm 的颗粒含量小于 30% 时,应按式(3-12-5)计算校正后的最大干密度:

$$\rho'_{dmax} = \cfrac{1}{\cfrac{1-\rho}{\rho_{dmax}} + \cfrac{P}{G_{s2}\rho_w}} \tag{3-12-5}$$

式中　ρ'_{dmax}——校正后的最大干密度,g/cm³;

　　　　ρ_{dmax}——粒径小于 5 mm 试样的最大干密度,g/cm³;

　　　　ρ_w——水的密度,g/cm³;

　　　　P——粒径大于 5 mm 颗粒的含量(用小数表示);

　　　　G_{s2}——粒径大于 5 mm 颗粒的干比重。

计算至 0.01 g/cm³。

六、注意事项

(1) 实验前,击实筒内壁要涂一层凡士林。

(2) 击实一层后,用刮土刀把土样表面刮毛,使层与层之间压密,同理,其他两层也是如此。

(3) 如果使用电动击实仪,则必须注意安全。打开仪器电源后,手不能接触击实锤。

七、实验记录

表 3-12-2　击实实验

工程名称 _____　　　　　　　　实验者 _____

工程编号 _____　　　　　　　　计算者 _____

实验日期 _____　　　　　　　　校核者 _____

风干含水率 _____　　　　　　　实验仪器 _____

实验序号	干　密　度					含　水　率						
	筒加土质量/g	筒质量/g	湿土质量/g	密度/(g·cm⁻³)	干密度/(g·cm⁻³)	盒号	盒加湿土质量/g	盒加干土质量/g	盒质量/g	水的质量/g	干土质量/g	含水率/%	平均含水率/%
	(1)	(2)	(3)	(4)	(5)	(6)	(7)	(8)	(9)	(10)	(11)	(12)
			(1)-(2)	$\dfrac{(3)}{V}$	$\dfrac{(4)}{1+0.01w}$					(6)-(7)	(7)-(8)	$\dfrac{(9)}{(10)}\times100$	
1													
2													
3													
4													
5													

第四部分 工程地质实验

实验 1

主要造岩矿物的认识与鉴定

造岩矿物是组成岩石的基本物质。岩石的命名、物理性质、力学性质及其稳定性,主要取决于岩石的矿物组成、结构及结晶情况。因此,认识和鉴定主要造岩矿物,是认识和鉴定岩石的基础。

矿物虽然多种多样,但各种矿物都具有一定的化学成分和内部构造,具有比较固定的形态特征和物理性质,这些形态特征和物理性质,就是认识和鉴定矿物的基础。

一、实验目的

(1) 掌握肉眼鉴定矿物的方法和步骤。

(2) 掌握几种常见造岩矿物的物理性质及其鉴定特征。

(3) 学习矿物的描述方法。

二、实验用品

1. 标本

正长石	斜长石	普通辉石	普通角闪石	白云母	黑云母
高岭石	石英	方解石	纤维状石膏	黄铁矿	滑石
赤铁矿	白云石	橄榄石			

2. 工具

包括小刀、无釉瓷板、放大镜、磁铁、摩氏硬度计、稀盐酸等。

三、实验原理

(一) 观察矿物的形态与物理性质

1. 观察矿物的形态

矿物有一定的形态,矿物的形态可分为单体形态和集合体形态。

(1) 单体形态

矿物的形态是其内部晶格的外在表现。矿物的单体是指矿物的单个晶体,具有一定的几何外形,由晶棱、面角和晶面构成。同种矿物往往具有一种或几种固定的几何形态,如立方体、四面体、八面体等。因此,矿物固定的几何形态是认识矿物的重要标志之一。

矿物具有一定的结晶特点,有些矿物在结晶时,在某一个方向上发育生长较快,形成针状或长柱体晶体(如辉锑矿等),称为单向延长型;有些矿物在两个相互垂直方向上均发育较快,形成板状(如石膏)和片状(如云母)晶体,称为双向延长型;还有一些在三个相互垂直方向同等发育,形成粒状或等轴状的晶形,如立方体(黄铁矿)、八面体(磁铁矿)、菱形十二面体(石榴子石)等,即为三相延长型。

常见的矿物的单体形态有:针状、柱状、等轴状、片状、板状、粒状等。

(2) 集合体形态

由于生长空间的限制,矿物晶体往往由许多个结晶矿物单体共同生长在一起的矿物组合,称之为集合体形态。所以,同种矿物形成的集合体也常具有其单晶体的形态特征。集合体形态有:晶簇、纤维状、放射状、层状、土状、钟乳状等。集合体形态依据颗粒的大小可分为显晶质集合体和隐晶质及胶态集合体。

① 常见的显晶集合体形态

● 柱状集合体:单体均由柱状矿物组成,集合方式不规则,如角闪石。

● 放射状集合体:单体为针状、片状或长柱状,一端聚集,一端发散,如红柱石、透闪石、菊花石等。

● 纤维状集合体:由极细的针状或纤维状矿物单体密集平行排列,如石棉、纤维石膏。

● 片状集合体:由片状矿物单体组成,如云母。

● 板状集合体:由板状矿物单体组成,如石膏。

● 粒状集合体:由均匀粒状矿物单体组成,如石榴子石、橄榄石。

● 晶簇:具有共同生长基底面的一组单晶集合体,常生长在空隙壁上,如石英(水晶)晶簇、方解石晶簇。

自然界大多数矿物都是以聚集的形式出现,但由于矿物复杂的形成条件,结晶矿物的晶体很少有发育完好的。所以,在观察结晶矿物时,应首先认识完整的个体,再进一步认识矿物集合体形态。另外,观察矿物形态时,除了应注意其总体形态外,还应注意组成晶体的每个晶面的几何形态特征。另外,每个矿物不同晶面间的夹角也是固定的。

② 常见的隐晶及胶体矿物集合体形态

此类矿物没有固定的形态,无法将其分为单体,只能根据矿物集合体的外形分类。隐晶集合体即使用放大镜也看不见其单体界线,按其紧密程度可分为致密块状和疏松土状。前者如石髓,后者如高岭土。常见的非晶质矿物(即胶体矿物)集合体有:

● 钟乳状集合体:由同一基底向外逐层立体生长而成的呈圆锥状矿物集合体,其单体内部具有同心层状构造或群体具有放射状构造,如石灰岩溶洞中的石钟乳和石笋均为钟乳状方解石。

● 葡萄状或肾状集合体:外形似葡萄状者称葡萄状集合体(如硬锰矿);外形呈较大的半椭球体,则称肾状集合体,如肾状赤铁矿。

● 鲕状和豆状集合体:由许多鱼子状或豆状的矿物集合而成,有明显的同心层状构造,如鲕状或豆状赤铁矿。

● 结核体:围绕同一核心生长而成球状、凸透镜状或瘤状的矿物集合体,如钙质结核等。

● 分泌体:岩石中空洞被胶体等物质充填,常呈同心层构造,$d>1$ cm 称晶腺,$d<1$ cm 称杏仁体。

（3）观察矿物的晶面花纹

某些矿物的晶面上常有各种花纹,可以依此对这些矿物进行鉴定。如黄铁矿立方体的晶面上有三组互相垂直的晶面条纹;石英柱面上常有横纹;电气石和辉锑矿柱面上常有纵纹。

另外,还有些矿物的同种晶体,按一定的规则连生在一起,例如正长石有卡氏双晶、斜长石有聚片双晶、石膏有燕尾双晶等。

2. 观察矿物的主要物理性质

（1）光学性质

光学性质是指矿物对光的吸收、反射、折射所表现出来的物理性质,主要有颜色、条痕、光泽和透明度等。

① 颜色

颜色是指矿物对不同波长的光波吸收程度不同所表现出来的结果。如果矿物对各种波长的光吸收是均匀的,则随吸收程度由强变弱而呈黑、灰、白色;如矿物对不同波长的光选择吸收,则出现各种颜色。

矿物颜色分为自色、他色和假色。

● 自色　矿物本身所具有的颜色叫自色,主要决定于矿物组成中元素或化合物的某些色素离子,如孔雀石为翠绿色,赤铁矿为樱红色;黄铜矿为铜黄色;方铅矿为铅灰色等。

● 他色　有的矿物因含杂质、裂纹或被氧化而呈现不同颜色,即外来带色杂质的混入而成的颜色,如纯净石英为无色透明,但由于不同杂质的混入而显露出多种颜色,如紫色（紫水晶）、粉红色（蔷薇石英）、烟灰色（烟水晶）、黑色（墨晶）等。

● 假色　是由于光的折射、反射等所呈现的色彩,与矿物本身的化学成分和内部结构无关,如方解石、白云母等表面常见彩虹般的色带形成晕色。

矿物的自色一般较稳定、均匀,是矿物本身的颜色;他色和假色分布不均一,导致矿物表面色彩不同或浓淡不均。在实验中,对矿物的颜色描述时,通常采用两种方法:一种是公认的颜色,如红、橙、黄、绿、青、蓝、紫、黑、白,但由于自然界的矿物多是过渡色,深浅不一,常加形容词给予表示,如淡黄色。黄绿色是将次要的颜色放在前面,主要颜色放在后面,这种方法也称复合命名法;第二种方法叫实物对比法,即利用大家熟知物体的颜色来描述,如橘黄色,乳白色,烟灰色等。需要注意的是,观察矿物的颜色时,还应分清风化面和新鲜面。由于风化作用会使矿物中某些色素离子流失,所以风化面的颜色常常不同于新鲜面的颜色。

② 条痕

条痕也是鉴定矿物的一个重要标准。条痕就是矿物在无釉白瓷砖上摩擦而留下粉末的颜色,同种矿物的条痕（痕迹）是固定的。条痕可以和矿物的颜色相同,也可以不同。如赤铁矿的颜色可以是褐红色,也可以是铁黑色,但条痕均为樱红色,磁铁矿是铁黑色,但条痕是黑色。条痕实验的方法就是将矿物在未上釉的瓷砖上刻划,即可显出矿物的条痕色。但是,只有硬度小于无釉瓷砖的矿物才能划出条痕,硬度大于无釉瓷砖的矿物无法划出条痕或没有明显的条痕。所以,条痕法鉴定矿物只适用于深色不透明的矿物。

③ 光泽

光泽是指矿物反光的能力。光泽常与矿物的成分和表面性质有关,常按矿物表面的反光程度将矿物光泽分为金属光泽和非金属光泽两大类,介于两者之间的称半金属光泽。金属光泽的矿物如方铅矿、黄铜矿等。非金属光泽的矿物如长石、石英、云母、辉石等。半金属光泽的矿物如赤铁矿、磁铁矿和铬铁矿等。

非金属光泽中由于矿物及集合体表面形态不同,常表现为以下几种:

- 玻璃光泽　具有光滑表面类似玻璃的光泽,如水晶、方解石。
- 油脂光泽　具有不平坦表面而类似动物脂肪光泽,如石英断口的光泽。
- 珍珠光泽　多是平行排列片状矿物的光泽,类似蚌壳内或珍珠闪烁的光泽,如云母。
- 丝绢光泽　纤维状矿物集合体产生像蚕丝棉状光泽,如石棉。
- 金刚光泽　非金属光泽中最强的一种,像太阳光照在宝石上产生的光泽,如金刚石。

观察光泽时要注意:不要与矿物的颜色相混;转动标本,注意观察反光最强的矿物的晶面或解理面。

④ 透明度

透明度是指矿物透光的性能,透明和不透明是相对的。以 0.03 mm 薄片为标准,按其透光程度进行肉眼观察,将矿物分为透明、半透明和不透明三类。常见的透明矿物有水晶、方解石、云母、长石、辉石和角闪石;半透明矿物有闪锌矿、辰砂;不透明矿物有磁铁矿、黄铁矿、石墨、方铅矿等。

如果用显微镜观察矿物的薄片,几乎所有的半透明矿物均可以透过光线,也称其为透明矿物;而金属矿物在镜下仍为不透明状。

矿物的颜色、条痕、透明度、光泽等物理性质之间相互关联,它们的关系如表 4-1-1 所示。

表 4-1-1　矿物物理性质间的关系

颜色	无色	浅色	彩色	黑色或金属色
条痕	无色或白色	浅色或无色	浅彩或重彩	黑色或金属色
透明度	透明		半透明	不透明
光泽	玻璃—金刚光泽		半金属光泽	金属光泽
矿物	非金属矿物		金属矿物	

(2) 矿物的力学性质

矿物的力学性质是指在外力作用下矿物所表现出的物理性质,如硬度、解理、断口、弹性、挠性和延展性等。

① 硬度

矿物的硬度是指其抵抗外来机械力作用(如刻划、压入、研磨等)的能力。一般通过两种矿物相互刻划比较而得出其相对硬度,通常以摩氏硬度计作标准。它是以十种矿物的硬度表示十个相对硬度的等级,由软到硬的顺序为:

滑石(1度)、石膏(2度)、方解石(3度)、萤石(4度)、磷灰石(5度)、正长石(6度)、石英

（7度）、黄玉（8度）、刚玉（9度）、金刚石（10度）。

实验时首先应熟悉摩氏硬度计中的矿物，然后用它们刻划其他未知矿物，用比较的方式确定未知矿物的硬度等级。还可用指甲（硬度约为2～2.5）、铜钥匙（硬度约为3）、小钢刀（硬度约为5.5）、玻璃（硬度约为6）等来刻划各种矿物，大致确定其被刻划矿物近似的硬度级别。硬度的测定应注意要在矿物的新鲜面上进行，以免刻划在风化面上而降低矿物的硬度。

②　解理与断口

矿物受外力（敲打、挤压）后沿其晶体内部一定的结晶方向（或结晶格架）裂开或分裂的性质，是矿物沿一定方向发生平行分离的特性，称解理，其裂开面称解理面。解理面可以平行晶面，也可以相交于晶面。

观察矿物解理时首先应判别解理是否存在，并学会识别解理面。若矿物碎块有许多平滑的面，则说明此种矿物具有解理，否则可能是无解理。解理面无论大小，一般都具反光性。解理面不一定有固定的几何形态。寻找解理面时，将矿物对准光源反复转动，仔细观察，要注意是否有相同方向且相互平行的许多面存在。要学会区别解理面与晶面：晶面是按一定内部构造生长而成的几何多面体的表面，只位于晶体表面并常具固定的几何形态，同一晶体上相似的晶面大小相近；而解理面则可在相同方向上找到一系列的面，它们相互平行但大小不一定等同。另外，有些矿物晶面上具有晶面条纹，可作为区别。

解理按其发生的方向可以划分为若干组，具有一个固定裂开方向的所有解理面称为一组解理（如云母）；有两个固定方向的解理面称为两组解理（如钾长石）；还有三组解理存在（如方解石、方铅矿）；四组解理（萤石）和六组解理（如闪锌矿）。但后两种情况为数较少。根据解理完全程度可分为：

● 极完全解理　矿物可以剥成很薄的片，解理面非常光滑，如云母、绿泥石等。

● 完全解理　矿物受打击后易裂成平滑的面，解理面平整且光滑，如方解石。

● 中等解理　矿物既有解理又有断口，小解理面与断口交叉出现，破裂面不太平整，如辉石和角闪石。

● 不完全解理　解理面不平整，断口常见，如磷灰石。

在实验过程中，观察解理数时，应从不同方向去看标本，若在某一方向上观察到一系列相互平行的解理面，则可定为一组解理；再转动到另一方向又发现另一系列相互平行的解理面，就可定为二组解理；依次类推。确定解理数后，还应注意不同组解理面间的交角（称解理夹角），因为同种矿物一般具有固定的解理组数和解理夹角。有无解理面、解理组数多少、解理夹角的大小等都是识别矿物的重要标志。

断口是矿物受到敲击后，沿任意方向发生的不规则破裂面，常见的断口类型较多，其中主要有：

● 贝壳状断口　断口呈圆滑的凹面或凸面，面上具有同心圆状波纹，形如蚌壳面。如石英断口。

● 锯齿状断口　断口呈锯齿状，其凸齿和凹齿均比较规整，同方向齿形长短、形状差异并不大。如纤维石膏断口。

　　● 参差状断口　断面粗糙不平,有的甚至如折断的树木茎干。如磁铁矿、角闪石横断面。

　　● 土状断口　其断面平滑,但断口不规整。如高岭石。

　　对于各类矿物,其断口也具有一定的鉴定意义。

　　③ 弹性与挠性

　　某些片状或纤维状矿物,在外力作用下发生弯曲,当撤去外力后仍能恢复原状者具弹性(如云母);不能恢复原状者具挠性(如蛭石和绿泥石)。

　　④ 延展性

　　矿物能被锤击成薄片状或拉成细丝的性质称延展性。如自然金、自然银、自然铜等。

　　(二) 矿物的其他性质

　　矿物除上述物理性质外,还具有一些其他性质,主要有比重、磁性、发光性及通过人的触觉、味觉、嗅觉等感官而感觉出矿物的某些性质。

　　① 比重

　　矿物与同体积水(4℃)的重量比值,称比重。通常用手估量就能分出轻、重来,或者用体积相仿的不同矿物进行对比来确定,大致确定出所谓重矿物和轻矿物。

　　② 磁性

　　矿物能被磁铁吸引或本身能吸引铁屑的能力称为磁性。可用磁铁或磁铁矿粉末进行测试。

　　③ 发光性

　　矿物在外来能量的激发下发出某种可见光的性质,称发光性。如萤石、白钨矿在紫外线照射时均显荧光。

　　④ 通过人的感官所能感觉到的某些性质

　　如滑石和石膏的滑感;食盐的咸味;燃烧硫黄、黄铁矿、雌黄和雄黄的臭味等。

　　此外还有如碳酸盐矿物与稀盐酸反应放出 CO_2 气泡;磷酸盐遇硝酸与钼酸铵使白色粉末变成黄色等就是我们鉴定碳酸盐类和含磷矿物的好办法。

四、实验内容

　　(1) 当掌握上述矿物形态和物理性质后,就可对下列常见的矿物进行细致的观察和鉴定,归纳出它们各自的主要特征,并重点观察带"＊"号的矿物。

石英＊	辉石＊	方解石＊
正长石＊	绿泥石	橄榄石
斜长石＊	滑石	黄铁矿＊
云母＊	石膏	石榴子石
角闪石＊	高岭石	白云石

　　(2) 试观察下列矿物的形态,并注意石英(水晶)、黄铁矿晶面上的晶面条纹的方向(表4-1-2)。

表 4-1-2　常见矿物的形态

矿物名称	石英	云母	石膏 (纤维石膏)	橄榄石	高岭石	绿泥石	阳起石
单体形态	柱状	片状	板状、针状	粒状		鳞片状	针状
集合体形态	块状	层状	纤维状		土状		放射状

（3）试观察下列矿物的标准颜色作为鉴定矿物颜色的基础（表 4-1-3）。

表 4-1-3　常见矿物的颜色

矿物名称	正长石	方解石	黑云母	绿泥石	橄榄石	黄铁矿	赤铁矿	雄黄
颜色	肉红色	白色	褐黑 或黑	绿或 暗绿	橄榄 绿色	金黄色	赤色	橙色

（4）矿物的条痕有时与其外观的颜色一致，有时却不一致。通过下面的实验操作，观察下列矿物的条痕，并比较与外观颜色的异同（表 4-1-4）。

表 4-1-4　常见矿物的颜色与条痕

矿物名称	石膏	赤铁矿	块状石英	绿泥石	黄铁矿	褐铁矿
颜色	白	赤	白	绿	铜黄	褐红
条痕	白	红	无	淡绿	灰黑	土黄

（5）试观察下列矿物的光泽特征，并注意与矿物集合体的关系（表 4-1-5）。

表 4-1-5　常见矿物的光泽

矿物名称	黄铁矿	云母	钾长石	纤维石膏	石英断口	滑石	高岭石
光泽	金属	珍珠	玻璃	绢丝	油脂	蜡状	土状

（6）实验并验证下列主要造岩矿物的硬度（表 4-1-6）。

表 4-1-6　几种造岩矿物的硬度

矿物名称	石榴子石、石英 橄榄石、辉石 角闪石、长石	白云石、方解石	滑石、高岭土 云母、绿泥石
硬度	大	中	小

（7）试观察所列矿物的解理和断口，并注意解理组数和完全程度（表 4-1-7）。

表 4-1-7　几种矿物的解理与断口

矿物名称	云母	方解石	正长石	石英	纤维石膏	高岭石
解理	一组极完全	三组完全	二组中等	不完全		
断口			平坦状	贝壳状	参差状	土状

五、实验数据处理

实验数据处理如表 4-1-8 所示。

表 4-1-8　主要造岩矿物的认识与鉴定

学号：　　　　　　　　　　　姓名：　　　　　　　　　　　日期：

标本号码	矿物名称	形态	颜色	条痕	光泽	硬度	解理	断口	其他

　　　　　　　　　　　　　　　　　　　　　　　　　　　　　　审核：

实验 2

岩浆岩的认识与鉴定

岩浆岩是位于地壳下部较深位置处的高温熔融体——岩浆,沿着地壳变动时产生的裂缝不断向低温、低压的地方上升冷凝而成。

自地面到地下 60 km 的地壳,有 95% 的岩石是岩浆岩。

一、实验目的

(1) 掌握肉眼鉴定岩浆岩的步骤和方法。

(2) 观察岩浆岩的结构、构造、酸度、颜色、矿物成分,认识岩浆岩的几种主要类型。

(3) 学习描述岩浆岩。

二、实验用品

1. 岩浆岩标本

包括花岗岩、正长岩、闪长岩、辉长岩、橄榄岩、流纹岩、玄武岩、浮石。

2. 工具

包括小刀、放大镜、稀盐酸。

三、实验原理

鉴别岩石,首先必须要清楚该岩石属于哪一个大类,即属沉积岩类、岩浆岩类还是变质岩类,不同岩类的岩石由于其生成方式不同而具有不同的成分、结构、构造,因此也可先由成分、结构、构造的分析来鉴别岩类。

1. 结构

岩浆岩绝大多数具有结晶结构。

2. 构造

岩浆岩的侵入岩具有块状构造,喷出岩具有流纹状、气孔状、杏仁状构造。

3. 矿物成分

岩浆岩中常见的矿物有角闪石、辉石、橄榄石等。

岩浆岩是由熔融的岩浆在地壳不同深度冷凝而成的岩石。因此岩石本身具有与其成因相联系的特点,以此可与其他两大类岩石区别。这些特点体现在岩浆岩的矿物成分、结构、构造等方面。

(1) 岩浆岩的矿物成分

组成岩浆岩的矿物主要是硅酸盐类的矿物。常见的矿物有橄榄石、辉石、角闪石及黑云母、斜长石、钾长石、石英等。这些矿物在岩浆岩各种岩石中的组合具有一定规律性,这种规律与 SiO_2 的含量有关。当 SiO_2 的含量大于 $65\%\sim75\%$ 时,岩石中就会出现石英和其共生的主要矿物钾长石、云母,而无橄榄石,称为酸性岩类;当 SiO_2 的含量在大于 $52\%\sim65\%$ 时,岩石中共生在一起的矿物主要是斜长石和角闪石,石英偶尔可见,称为中性岩类;当 SiO_2 的含量在大于 $45\%\sim52\%$ 时,岩石中主要是斜长石和辉石共生在一起,偶尔可见橄榄石,称为基性岩类;当 SiO_2 的含量小于或等于 45% 时,岩石主要由橄榄石、辉石组成,而无石英,称为超基性岩类。

从颜色来看,组成岩浆岩的矿物分浅色和暗色两类。如石英、钾长石、斜长石等为浅色矿物;橄榄石、辉石、角闪石、黑云母等为暗色矿物。浅色矿物主要由钾、钠、钙的铝硅酸盐与二氧化硅组成,称为硅铝矿物;暗色矿物主要由铁、镁的硅酸盐组成,称为铁镁矿物。从酸性岩类到超基性岩类其岩石的特点是:浅色矿物越来越少,暗色矿物越来越多,颜色则由浅到深。

(2) 岩浆岩的结构

所谓岩浆岩的结构是指矿物的结晶程度、颗粒的形状、大小及矿物间的结合关系。

岩浆岩的结构按矿物的结晶程度和晶粒大小,可分为全晶质结构、半晶质结构、玻璃质结构以及等粒状结构和斑状结构。

等粒状结构按晶粒大小可分为:粗粒(>5 mm)、中粒($5\sim2$ mm)、细粒(<2 mm)。

斑状结构按石基结晶程度又可分为:斑状与似斑状。

具体认识结构可按表 4-2-1 对照岩石标本逐一进行。

表 4-2-1　常见岩石的结构

岩石名称	结晶程度	颗粒大小		岩浆岩类型	
粗粒花岗岩	全晶质	等粒	粗粒	侵入岩	深成岩
中粒花岗岩			中粒		
细粒花岗岩			细粒		
花岗斑岩		斑状	似斑状		浅成岩
流纹岩	半晶质		斑状		
黑曜岩	玻璃质			喷出岩	

(3) 岩浆岩的构造

岩浆岩的构造,是指各种组分在岩石中的排列方式或充填方式所反映出来的宏观特征。岩浆岩的构造类型有以下几种:

● 块状构造:其特点是岩石中各部分结构相似,各种矿物分布均匀而无定向排列,岩石中无孔洞,侵入岩中常见这种构造。

● 流纹构造:特征是板状、片状、柱状矿物呈定向排列或不同颜色的条纹和被拉长的气孔所表现出来的一种平行构造。这种构造常见于酸性喷出岩中,是由于熔浆流动而形成的。

● 气孔构造:是指熔岩在冷却时,其中含有未逸出的气体,冷却后在岩石中形成各种大小不等的孔洞,称为气孔构造。

● 杏仁构造:当气孔被后来的物质充填时,称为杏仁构造。这种构造也是喷出岩常见的构造。

在认识构造时可按表 4-2-2 对着标本逐一进行:

表 4-2-2　常见岩石的构造

岩石名称	花岗岩	花岗斑岩	流纹岩	玄武岩	辉绿岩
构造	块状	块状	流纹状	气孔状	杏仁状
岩石类型	深成岩	浅成岩	喷出岩		

(4)肉眼鉴定岩浆岩的方法

肉眼鉴定岩浆岩的主要依据是组成岩石的矿物成分、结构、构造等特征。其鉴定步骤如下:

首先观察颜色:

● 深色的:暗色矿物在 80% 以上,如超基性岩类。

● 深中色的:暗色矿物在 50% 左右,如基性岩类。

● 浅中色的:暗色矿物在 20%~25% 之间,如中性岩类。

● 浅色的:暗色矿物在 5% 左右,如酸性岩类。

但要注意,岩石的颜色是指总体颜色,同时要把岩石新鲜面的颜色和岩石风化面的颜色区分开来。

接着观察岩石的主要矿物成分,从而确定所属类型。

观察时对岩石中的每一种矿物都要进行认真鉴定。由于岩石中的矿物常呈镶嵌较紧密的粒状,且粒度小,所以比单个矿物鉴定难度大,为此要借助于放大镜。先从外观颜色特征缩小鉴定范围,然后再利用其他的特点作进一步的区分。岩石中所含矿物成分与岩石中 SiO_2 含量有关,一般说 SiO_2 含量少的超基性岩、基性岩含暗色矿物橄榄石、辉石居多,没有石英。

观察岩石结构构造的程序:

根据岩石的颜色和矿物成分,可以初步判断岩石所属的大类,再进一步观察岩石的结构来确定岩石形成环境(侵入的、喷出的)和具体的岩石名称。

四、实验内容

(一)岩浆岩物理性质鉴别

本次实验主要对下列常见的岩浆岩进行观察和鉴定,以掌握肉眼鉴定岩浆岩的一般方法:

花岗岩　　　花岗闪长岩　　　闪长岩
辉长岩　　　花岗斑岩　　　流纹岩
安山岩　　　辉绿岩　　　玄武岩

观察和鉴定时,先按岩石中 SiO_2 的含量、颜色、矿物成分等分为酸性、中性、基性、超基性等四类,然后再按岩石的结构、构造等将其分为深成岩、浅成岩、喷出岩等三类。这样对某种未知岩石来说,通过两种分类,便可得到岩石的具体名称。具体观察和鉴定的步骤如下:

1. 颜色

岩石的颜色是指深浅两类矿物在岩石外观上所表现的综合色调,以岩石中所含深色矿物的体积百分比,即所谓色率表示。

一般岩石的色率<15%的为酸性。

一般岩石的色率在15%~35%的为中性。

一般岩石的色率在35%~55%的为基性。

一般岩石的色率≥55%的为超基性。

2. 矿物组成

分析岩石中矿物组成的特点是鉴定岩石的决定性步骤,是判定岩石所属类别和确定岩石名称的基本依据。

组成岩浆岩的最主要造岩矿物有石英、长石、云母、辉石、角闪石和橄榄石等。这些矿物在岩石中不是任意组成的,而是按岩浆的结晶顺序有它一定的共生规律,这些矿物在岩石中的不同共生组合,构成了不同类型的各种岩石。各种矿物的共生规律一般有如下几点:

(1) 石英绝对不与橄榄石共生。

(2) 辉石、角闪石常与斜长石共生。

(3) 石英常与正长石共生。

(4) 辉石多出现于基性岩中;角闪石主要出现在中性岩中;石英绝大部分只生于酸性岩中;橄榄石绝大部分其生于超基性岩中;正长石主要出现于偏酸性岩中;斜长石主要出现于偏基性岩中;超基性岩中一般不存在长石。

根据这些岩浆岩的共生规律,在观察和鉴定岩石矿物时首先应分析岩石中有无石英和橄榄石,如石英颗粒很多,则表示岩石属于酸性岩类,橄榄石很多则属于超基性岩类。中性和基性岩中石英或橄榄石只有极少量存在或完全没有,较难判定。这时应特别注意长石,并且一定要把正长石与斜长石分开。若岩石中主要含斜长石者则属于基性岩类或中性偏基性的闪长岩类。这时一定要把辉石与角闪石鉴别清楚,并进一步说明分类依据。如岩石中主要含角闪石者为中性闪长岩类,主要含辉石者为基性辉长岩类。此外在观察时也要把其他矿物成分鉴别清楚,如云母等。还要注意矿物的各种变化,如深色矿物中出现绿泥石,长石变为高岭土等,都是岩石遭受风化的标志。岩浆岩分类鉴定如表4-2-3所示。

表4-2-3 岩浆岩分类鉴定表

岩类	酸性	中性		基性	超基性
SiO_2的含量/%	>65	65~52		52~40	<40
颜色	浅色(浅红-灰色)			深色(深灰、绿黑)	
有色矿物含量/%	10~15	15~25	25~35	35~55	>55
有无石英	有	不含或含很少的石英			无

（续表）

岩类			酸性	中　性		基性	超基性
有无橄榄石			无	不含或含很少的橄榄石			有
有无长石			含正长石为主		含斜长石为主		不含或含少量长石
产状			主要矿物成分				
			石英、正长石、云母角闪石	正长石、云母、角闪石、辉石	斜长石、角闪石、黑云母、辉石	斜长石、辉石、角闪石、黑云母	橄榄石、辉石、角闪石
深成	块状	等粒状及少数似斑状	花岗岩（花岗闪长岩）	正长岩	闪长岩	辉长岩	橄榄岩辉　岩
浅成	块状	似斑状或斑状	花岗斑岩	正长斑岩	玢岩闪长玢岩	辉绿岩	苦橄斑岩
喷出	流纹状气孔状杏仁状	隐晶质或斑状	流纹岩	粗面岩	安山岩	玄武岩	苦橄岩
	玻璃质			浮岩、黑曜岩、火山玻璃			少见

3. 结构、构造

岩石的结构、构造特征，是岩石生成环境的反映。根据岩石结构和构造特点，可以推断岩石是深成的、浅成的还是喷出的。如表 4-2-3 中所示。一般而言：

全晶质、等粒状结构、块状构造是深成的。

全晶质、斑状结构、块状构造是浅成的。

半晶质或玻璃质结构、气孔状、流纹状、杏仁状构造是喷出的。

这仅是一般情况，岩石在侵入体中所处的位置不同，通常还会有一些过渡性或特殊的结构生成，在观察和推断时，必须结合分析。

按上述步骤将岩浆岩的鉴定举例如下：

某一块岩石，颜色较浅，色率<20%（估计是酸性岩）。岩石中含有大量无解理、呈油脂光泽、硬度很高的石英颗粒和肉红色、有解理、呈玻璃光泽的长石，在长石与石英之间有少量黑色、片状、硬度很小的黑云母，没有发现橄榄石。根据这些矿物组成的特点，可以肯定这块岩石是酸性岩，按正长石与石英共生于浅色岩石中的规律，其中长石一定是正长石，据该矿物的特征也鉴定出它是正长石。

该岩石为全晶质中粒结构、块状构造，推断是深成岩，而酸性岩中的深成岩就是花岗岩。

（二）岩性描述

在鉴定岩石时，要把所鉴定的岩石的一切性质按一定的顺序用最精练、准确通顺的语

言和地质学术语,形象地描绘出来,对岩浆岩的描述应包括以下几个方面:

1. 颜色

描述岩石的新鲜颜色,若岩石遭受风化则应说明风化的颜色。

2. 结构、构造

从组成岩石的结晶程度、晶粒的绝对大小或相对大小,以及由各种不同晶粒在岩石中的排列与分布特点加以描述。若是斑状结构,则应将斑晶与石基分开描述。

3. 矿物组成

将肉眼所能看到的各种矿物,按岩石中的含量多少。依次写出,或按颜色将深色矿物和浅色矿物分别列出,并往往以其中主要的深色矿物的名称,对岩石予以不同的命名如闪长岩、辉长岩、橄榄岩等。

4. 其他特征

如岩石中的侵入细脉,矿物的次生变化等。

描述举例:黑云母花岗岩浅灰色、全晶质粗粒结构、块状构造。

深色矿物以黑云母为主,约占 15%,间有少量角闪石。浅色矿物以长石为主,正长石约占 60%、石英约占 20%,分布有石英细脉。

五、实验数据处理

实验数据处理如表 4-2-4 所示。

表 4-2-4 岩浆岩的认识与鉴定

学号:　　　　　　　　　　　　　姓名:　　　　　　　　　　　　　日期:

标本号码	岩石名称	颜色	结构	构造	主要矿物成分		其他特征
					深色	浅色	

审核:

实验 3

沉积岩与变质岩认识与鉴定

沉积岩是三大岩石中分布面积最广的一类岩石,地壳表面约 75% 的面积覆盖着各种各样的沉积岩;变质岩在我国很多地区也有所分布。沉积岩和变质岩是工程建设过程中经常遇到的岩石,也是重要的天然建筑材料。

一、实验目的

(1) 掌握肉眼鉴定和描述沉积岩、变质岩的方法。
(2) 掌握沉积岩和变质岩的结构、构造、物质组成,熟悉常见的沉积岩和变质岩。

二、实验用品

1. 沉积岩标本

包括砾岩、砂岩、凝灰岩、页岩、泥灰岩、石灰岩、白云岩。

2. 变质岩标本

包括板岩、千枚岩、片岩、片麻岩、蛇纹岩、石英岩、大理岩。

3. 工具

包括小刀、放大镜、稀盐酸。

三、实验原理

(一) 沉积岩的特征

1. 颜色

沉积岩的颜色主要取决于岩石的成分及所含杂质。有的颜色能反映岩石的生成环境:白色的岩石多为高岭石、石英、盐类等成分组成;深灰到黑色说明岩石中含有有机质或锰、硫铁矿等杂质,是在还原环境中生成的岩石;肉红色及深红色是岩石中含较多的正长石或高价氧化铁,是在氧化环境下生成的;黄褐色与含褐铁矿有关;绿色常与含氧化亚铁有关,常生成于相对缺氧的还原环境。

2. 矿物组分

目前为止,在沉积岩中发现的矿物有 100 余种,但最常见的只有 20 余种。

它们基本上可分为两类:

一类是碎屑物质,即原岩经机械破碎的物质。如较稳定的石英、长石、云母、岩屑。

另一类是自生矿物,即沉积岩在形成过程中产生的物质。如方解石、白云石、海绿石、黏土矿物(如高岭石、蒙脱石、水云母等)、石膏、岩盐、有机物质以及铝、铁、锰、硅的氧化物和钠、钾、镁的卤化物等。

3. 结构、构造

沉积岩的结构是指沉积岩中各组成部分的形态、大小及结合方式。常见的结构有以机械沉积为主的碎屑结构、以化学沉积为主的结晶结构、介于两者之间的泥质结构及以生物沉积为主的生物结构。

（1）碎屑结构

碎屑结构是各种碎屑物被胶结物胶结起来的一种结构。碎屑物指岩屑和矿物碎屑，且包括碎屑颗粒的形态、大小、分选性等。胶结物通常是钙质、铁质、硅质和泥质。

碎屑颗粒大小又叫粒度，是碎屑岩分类的依据之一。常用粒径划分如下：

① 粒径>2 mm 的称为砾（砾状结构）。

② 粒径>0.06~2 mm 的称为砂（砂状结构）。

（其中砂又再分为：巨粒>1~2 mm；粗粒>0.5~1 mm；中粒>0.25~0.5 mm；细粒0.05~0.25 mm）

③ 粒径>0.004~0.06 mm 的称为粉砂（粉砂结构）。

④ 粒径≤0.004 mm 的称为黏土。

（2）泥质结构

泥质结构指颗粒粒径小于 0.004 mm 的碎屑或黏土矿物组成的结构，这种结构肉眼无法分辨，岩石外表呈致密状，是黏土岩常有的特征。

（3）结晶结构

为结晶的自生矿物镶嵌而成，是化学岩中常见的结构。按结晶颗粒大小可分为：

● 粗晶结构：颗粒> 0.5 mm。

● 中晶结构：颗粒>0.25~0.5 mm。

● 细晶结构：颗粒0.05~0.25 mm。

如果结晶颗粒小到无法分辨时叫致密结构。

（4）生物结构

生物结构指岩石中含生物遗体或生物碎片达 30% 以上的结构，是生物化学岩特有的结构。

（二）沉积岩的分类

沉积岩的分类是以成因和组成的物质成分和结构来划分的，一般分为：

1. 碎屑岩类

碎屑岩类是在内外动力地质作用下形成的碎屑物以机械方式沉积下来，并通过胶结物胶结起来的一类岩石。除正常沉积碎屑岩外，也包括火山碎屑岩。

沉积碎屑岩按粒度及含量分为砾岩、砂岩等。

① 砾岩　为沉积的砾石经压固胶结而成，碎屑物中岩屑较多。砾石也多为岩块（这种岩块可以是多矿岩组成，也可以是单矿岩组成），一般含量>50%。根据砾石形状又可以分为角砾岩（砾石棱角明显）和砾岩（砾石有一定磨圆度）。

② 砂岩　为沉积的砂粒经固结而成。它的颜色决定于成分，具有明显的层理构造和

砂状碎屑结构。按砂状碎屑的粒度,可进一步划分为粗粒、中粒、细粒和粉粒结构,以此分别定名为粗砂岩、中粒砂岩、细砂岩和粉砂岩。砂岩主要成分是石英、长石的矿物碎屑和岩屑。

2. 黏土岩类

主要由粒径<0.004 mm的碎屑物组成。这类岩石具有泥质结构、层理构造,当层理很薄,风化后呈叶片状,称为页理。具有页理构造的黏土岩称为页岩,否则称为泥岩。

3. 化学及生物化学岩类

这是一类由化学方式或生物参与作用下沉积而成的岩石。主要为盐类矿物和生物遗体,具有结晶结构、生物碎屑结构和层理构造。多为碳酸盐岩,如结晶灰岩、鲕状灰岩、白云岩、生物灰岩等。

碳酸盐岩对碳酸盐类岩石(如白云岩和石灰岩)可用小刀刻划其硬度,用稀盐酸等物测试其化学成分,并观察其不同的结构、构造、表面特征及含化石情况。现将石灰岩与白云岩对比区别如下(表4-3-1)。

表4-3-1　石灰岩和白云岩特征对比表

岩类	石灰岩	白云岩
结构	常为隐晶质、微晶质或内碎屑结构(如砾屑、砂屑、鲕粒、团块、球粒等)	多数具微晶、细晶质结构,有糖粒状结构之称。较粗糙,亦有呈致密块状的隐晶质结构
构造	层理构造清楚,薄到中厚层及块状均有,有时具缝合线构造	多数为厚层、块状,表面溶蚀后常具刀砍状溶沟
加盐酸反应情况	加稀盐酸起泡剧烈,反应迅速	加盐酸一般不起泡,在粉沫上加盐酸可见起泡现象

4. 火山碎屑岩类

由火山喷发时产生的碎屑物质降落到地面直接堆积而成。由于未经流水搬运,故碎屑都具棱角状外形,且成分亦与沉积碎屑岩截然不同。根据碎屑大小可分为火山块集岩($d>$ 50 mm)、火山角砾岩(2 mm$\leq d \leq$50 mm)及火山凝灰岩($d<$2 mm)。

① 火山块集岩　火山喷出来的岩浆在空中旋转冷却而成纺锤状的喷出岩,常有气孔构造,表面有扭转的皱纹,一般为隐晶质或玻璃质。

② 火山角砾岩　主要是火山喷到空中的碎屑物质落回地表,被火山灰等胶结而成的岩石。其中碎屑物质有明显的棱角。

③ 火山凝灰岩　是火山灰凝固后形成的岩石。岩石表面粗糙,隐晶质,成分不易确定,有的凝灰岩中可有一些棱角状的矿物颗粒或其他颗粒。可以具有明显的层状构造。

(三)肉眼鉴定沉积岩的方法

其具体步骤如下:

(1)首先按野外产状、物质成分、结构、构造,将沉积岩所属三大类型区分开。

（2）确定岩石的结构类型。

（3）确定碎屑的类型后，还要对胶结物的成分作鉴定。胶结物的成分可为泥质、钙质、硅质和铁质等单一类型，可以是钙—泥质或钙—铁质等复合类型。因多为化学沉积，颗粒细小，不易识别。肉眼鉴定时可用小刀刻划其硬度，观察其颜色，或用稀盐酸测试其化学成分中是否含碳酸钙等，并参考其固结程度来确定其胶结物成分（表4-3-2）。

表4-3-2　沉积岩的胶结物类型及其特征

胶结物类型	肉眼鉴定或简易化学测定特征
泥质胶结	无色或杂色且多变；硬度小于小刀；加酸不起泡；胶结疏松
钙质胶结	多为白色或无色；硬度小于小刀；加盐酸起泡；胶结疏松
硅质胶结	无色；硬度大于小刀；加盐酸不起泡；胶结紧密，坚固
铁质胶结	多为红色或褐色；硬度中等；风化后常呈铁锈色；加酸不起泡

（4）对碎屑颗粒的形态（圆度和球度）也要鉴定描述。但除砾岩外，一般不参加命名。

（5）鉴定岩石的物质成分及含量时，这里分两种情况：其一是对碎屑岩、黏土岩、化学岩及生物化学岩，主要是鉴定岩石的矿物成分和各自的含量，方法是用肉眼或简单的化学试剂来鉴定矿物的理化性质（如矿物的形态、颜色、硬度、解理、光泽及滴酸等），以确定所含矿物的种类。然后在一定范围内目估（如用线比法）各矿物的百分含量，从而确定岩石的名称，如长石砂岩、白云质灰岩等。其二是对含岩屑较多的岩石（如砾岩）就应鉴定出砾石的岩石种类，并注意各类岩石的砾石含量百分比。

（6）鉴定岩石的构造：野外鉴定其层理构造和层面构造。

（7）鉴定岩石的颜色：在描述岩石时要将岩石的新鲜面和风化面颜色予以分别描述。由于岩石往往是多种不同颜色的矿物组成的，因此描述的颜色应是岩石的总体颜色，绝非某种矿物的颜色。在描述用词上，习惯是将次要颜色写于前，主要颜色写于后，如黄绿色、黄褐色等。

（四）变质岩的鉴定

变质岩的基本特征：

1. 矿物

变质岩是由岩浆岩或沉积岩等岩石经过高温高压或化学成分的加入而来，其矿物成分既保留有原岩成分，也出现了一些新的矿物。如岩浆岩中的石英、钾长石、斜长石、白云母、黑云母、角闪石及辉石等，由于本身是在高温、高压条件下形成的，所以在变质作用下依然保存。在常温常压下形成于沉积岩中的特有矿物，特别是岩盐类矿物，除碳酸盐矿物（方解石、白云石）外，一般很难保存在变质岩中。

变质岩除了保存着上述岩浆岩和沉积岩中的共有继承矿物外，变质岩中还有它特有的矿物，如石榴石、红柱石、蓝晶石、硅灰石、石墨、金云母、透闪石、阳起石、透辉石、蛇纹石、绿泥石、绿帘石、滑石等。

2. 结构

变质岩的结构是指组成矿物的粒度、形态和它们之间的结合关系，常见类型如下：

① 变余结构　变余结构指变质岩中保留了原岩结构的一种结构。如变余砾状结构、变余砂状结构、变余斑状结构等。常见于变质较浅的岩石中,可借此了解原岩性质。

② 变晶结构　变晶结构是指在变质作用过程中由重结晶作用所形成的结构,是变质岩中最重要的一种结构类型。按矿物颗粒大小可划分为:

● 粗粒变晶结构:粒径>3 mm。

● 中粒变晶结构:粒径 1~3 mm。

● 细粒变晶结构:粒径<1 mm。

③ 裂结构(或称压碎结构)　裂结构是指岩石中的矿物在定向压力下发生破碎、裂开或移动等所形成的一种结构,为动力变质岩的典型特征。

④ 交代结构　交代结构是指新生的矿物交代原有岩石中的矿物而形成的一种结构。常见的有交代假象结构(如黑云母被绿泥石交代,绿泥石里具有黑云母的外形),交代残留结构和交代环状结构等。这些微观结构,一般要在显微镜下才能看得清楚。

3. 分类

变质岩是由原有的某种岩石(沉积岩、岩浆岩或变质岩)经过变质作用而成,由于原岩引起变质作用的原因和类型不同,故产生的变质岩也不同。因此,变质作用的类型是变质岩划分大类的依据。现将其分类列于表 4-3-3。

表 4-3-3　变质岩分类简表

岩类	动力变质岩类	接触变质岩类	区域变质岩类	混合岩类	气成水热(交代)变质岩类
岩石名称	碎裂岩 糜棱岩	石英岩 角岩 大理岩	板岩 千枚岩 片岩 片麻岩 大理岩 石英岩	条带状混合岩 肠状混合岩 眼球状混合岩	蛇纹岩 云英岩 矽卡岩

4. 观察变质岩的方法

在野外鉴定变质岩时,首先要注意产状的观察,如石英岩和大理岩在接触变质或区域变质作用中均可形成,片岩和片麻岩为区域变质的产物,从岩性上无法区别某些变质岩的成因类型。又如有些石英岩与变质石英砂岩,结晶灰岩与大理岩等在室内也难于区别,必要时就要结合野外产状、分布及共生的岩石类型进行确定。

在室内肉眼鉴定变质岩的具体步骤是:

(1)区别常见的几种变质岩构造。如板状、千枚状、片状及片麻状等,在辨别时首先观察矿物的结晶颗粒大小。当肉眼无法分辨的则可能属板状或千枚状构造类;反之属于片状或片麻状构造类。然后观察破裂面的特点,如破裂面光滑整齐,易裂成均匀的薄板者为板状构造;若破裂面上有强烈的丝绢光泽和小褶皱者为千枚状构造。对于片理与片麻理构造的区别,主要是看矿物的形态特征和定向排列的连续性,若主要由片状或柱状矿物组成且又连续分布,则为片理构造,若是以粒状矿物为主,片、柱状矿物虽定向排列但不连续成层则为片麻状构造。若岩石中全部由粒状矿物组成,无定向性,则为块状构造。

(2) 观察岩石的结构。在观察结构时要注意的是岩石中既有粒状、又有片状、柱状矿物时,对结构的描述必须是综合的,如片麻岩主要由长石、石英的粒状矿物组成,并含少量片状矿物黑云母或柱状矿物角闪石,片、柱状矿物又呈定向而不连续排列,这样就描述为鳞片粒状变晶结构。

(3) 对岩石的矿物成分进行鉴定,并估计各种矿物的百分含量,特别是变质矿物的特征(形态和物理性质)。

(4) 最后观察岩石的总体颜色,应以新鲜面为准。

四、实验内容

(一) 沉积岩

1. 沉积岩鉴定

本实验着重对砾岩、砂岩、粉砂岩、页岩、石灰岩、白云岩作仔细的观察和鉴定。

观察和鉴定沉积岩时,先从结构着手,判明是碎屑岩类,还是黏土岩类,还是化学岩类与生物化学岩类。对碎屑岩类,尚须进一步检验碎屑粒径大小,确定它是碎屑岩类中的种类定出基本名称。

对于砾岩要注意碎屑的形状大小和组成砾岩的碎屑的岩性成分以及胶结物的成分、胶结形式。当组成砾岩的碎屑带有未经过搬运的棱角时即称为角砾岩。

对于砂岩(及粉砂岩)要注意它的矿物组成、胶结物的性质。当组成砂岩的主要矿物成分为长石时,则称为长石砂岩,是石英时则称为石英砂岩等。当含有大量暗色矿物,胶结物成分主要是黏土矿物,颗粒较粗时则称为硬砂岩或杂砂岩。

黏土岩是介于碎屑沉积岩和化学沉积岩之间的过渡类型,它的矿物成分是黏土矿物和碎屑矿物,主要类型有泥岩和页岩。对于泥岩主要是鉴定其矿物成分,常借助偏光显微镜、高倍的电子显微镜和其他仪器来进行。泥岩为块状、性脆、有滑感,遇水成可塑性或具强烈膨胀性。

对于页岩可根据其薄层理(页理)确定。加盐酸强烈起泡的为钙质页岩,坚硬致密的为硅质页岩,黑色且能脏手的为碳质页岩,有粗糙感的具砂质结构的为砂质页岩,用火烧之有煤油气味的为油页岩。页岩有时又根据颜色来命名,如黄色页岩、紫色页岩、红色页岩、黑色页岩等。

化学岩与生物化学岩多是单矿岩。其中分布最广的是石灰岩和白云岩,石灰岩与白云岩外观上十分相似,鉴定时可根据硬度和对盐酸的反应加以区别。泥灰岩加稀盐酸起泡反应后残留有泥点,有黏土味,可与石灰岩区别。

沉积岩的颜色变化很大,但有些岩石中所含主要矿物的颜色可作为鉴定时的参考,如富含二氧化硅、方解石、高岭土、白云母等为主的岩石一般呈白色或浅灰色;以正长石为主的岩石多呈红色;含海绿石的岩石多呈绿色。此外如氧化铁、氧化亚铁、氢氧化铁及锰、碳和有机质等的浸染常会出现不同的颜色。

2. 沉积岩的岩性描述

沉积岩的岩性描述方法与岩浆岩相似。主要描述岩石的颜色结构、构造和矿物成分，此外应特别注意有无化石以及后期的风化、溶蚀现象等。

描述举例如下：

石英砂岩：灰白色、砂状结构、具层理构造，矿物组成以石英为主，约占95％，其次为长石和白云母碎屑，硅质基底式胶质，硬度很大。

石灰岩：灰黑色、细粒结构、块状构造、矿物组成以方解石为主，含珊瑚化石和网状的方解石石脉。

（二）变质岩

1. 变质岩鉴定

本次实验着重对黑云母片麻岩、白云母片麻岩、千枚岩、板岩、石英岩和大理岩进行仔细的观察和鉴定。

变质岩与其他种类岩石的最明显区别是具有几种特有的构造和特有的矿物成分。因此观察和鉴定变质岩时，先从构造着手，根据岩石的构造特征以确定其所属类型，然后按矿物组成确定岩石的名称。

如片岩的主要特征是具有极显著的片状构造，但根据组成片岩的主要矿物成分，又可分为云母片岩、滑石片岩、绿泥石片岩、角闪石片岩等。

石英岩与大理岩同属块状构造，但石英岩是由石英颗粒组成，硬度很高，大理岩由方解石组成，硬度较低，遇盐酸发生泡沸现象。

在鉴定变质岩矿物成分时要格外注意变质矿物的描述和鉴定。

2. 变质岩岩性描述

变质岩的描述与岩浆岩相似。举例如下：

黑云母片麻岩：灰黑色，粗粒变晶结构；浅色矿物有长石、石英和黑色片状的黑云母相间排列，呈片麻状构造；矿物组成以长石、石英为主，约占60％左右，深色矿物以黑云母为主，约占30％，此外含有少量角闪石和石榴子石。

大理岩：乳白色，夹带有翠绿色的辉纹条带；中粒变晶结构、块状构造，主要由白色的方解石组成，夹有少量绿泥石。

五、实验数据处理

实验数据处理如表4-3-4所示。

表4-3-4　沉积岩和变质岩的认识与鉴定

学号：　　　　　　　　　　姓名：　　　　　　　　　　日期：

标本号码	岩石名称	结构	构造	主要矿物组成	颜色	其他特征

审核：

实验 4

裂隙测量资料的整理

在公路与铁路工程中,为研究沿线工程地质条件,必须在野外进行大量的裂隙测量,通过对裂隙测量资料的整理,编制各种裂隙统计分析图,对工程地质条件进行评价分析。

一、实验目的

(1)掌握整理裂隙测量成果的方法。
(2)根据所给材料编制裂隙玫瑰图和极点图。

二、实验用具

施密特网、铅笔、三角板、圆规、量角器。

三、实验内容

按照表 4-4-1 给出的裂隙测定记录,根据整理结果,编制:
(1)倾向玫瑰图一幅。
(2)极点图一幅的一部分。

表 4-4-1 裂隙测定记录

方位	倾向/(°)	倾角/(°)	方位	倾向/(°)	倾角/(°)	方位	倾向/(°)	倾角/(°)	方位	倾向/(°)	倾角/(°)
北东	4	61	北东	73	55	南东	124	73	南东	136	78
北东	6	59	北东	73	70	南东	124	72	南东	137	84
北东	10	64	北东	35	65	南东	125	70	南东	137	80
北东	11	76	北东	36	74	南东	125	75	南东	137	85
北东	12	73	北东	37	71	北东	49	80	南东	138	76
北东	15	67	北东	43	75	北东	50	70	南东	138	74
北东	22	70	北东	43	74	北东	51	71	北东	76	60
北东	23	76	北东	44	79	北东	54	71	北东	85	72
北东	24	79	北东	45	83	北东	55	32	北东	90	68
北东	27	75	北东	45	87	北东	55	73	南东	93	69
北东	58	70	北东	45	80	北东	55	75	南东	93	75
北东	59	74	北东	46	80	北东	55	75	南东	94	73

214

方位	倾向/(°)	倾角/(°)	方位	倾向/(°)	倾角/(°)	方位	倾向/(°)	倾角/(°)	方位	倾向/(°)	倾角/(°)
北东	65	50	南东	122	65	北东	55	78	南东	95	72
北东	65	53	南东	123	75	北东	56	77	南东	95	67
北东	68	58	南东	124	74	南东	136	82	南东	96	70
南东	96	71	南东	126	68	南东	138	75	南西	204	68
南东	105	58	南东	126	74	南东	144	50	南西	206	72
南东	111	68	南东	127	66	南东	144	60	北西	296	68
南东	111	73	南东	127	68	南东	146	62	北西	296	66
南东	111	74	南东	128	70	南东	146	54	北西	297	65
南东	112	70	南东	134	75	南东	155	58	南西	216	50
南东	112	74	南东	134	84	南东	155	62	南西	221	67
南东	112	75	南东	134	70	南东	156	64	南西	222	73
南东	113	80	南东	135	80	南东	158	60	南西	222	70
南东	113	78	南东	135	75	南东	164	65	南西	224	80
南东	113	74	南东	135	85	南东	165	64	南西	224	75
南东	121	68	南东	136	85	南东	166	66	南西	224	78
南西	206	65	南东	136	83	南西	185	65	南西	224	78
南西	214	48	南东	136	83	南西	187	55	南西	226	78
南西	215	52	南东	136	86	南西	194	60	南西	226	79
南东	125	70	南东	136	81	南西	194	70	南西	227	75
南东	125	67	南西	257	56	南西	195	64	南西	234	65
南东	125	70	北西	273	75	南西	197	66	南西	234	69
南东	125	71	北西	274	70	南西	204	75	南西	234	70
南东	126	72	北西	284	71	北西	305	74	北西	316	75
南西	235	64	北西	284	75	北西	305	69	北西	316	75
南西	236	66	北西	285	60	北西	305	72	北西	316	76
南西	236	68	北西	286	75	北西	306	71	北西	295	65
南西	237	75	北西	295	60	北西	306	74	北西	316	74
南西	239	74	北西	294	70	北西	307	67	北西	326	45
南西	239	70	北西	294	85	北西	308	65	北西	326	48
南西	244	50	北西	295	68	北西	313	70	北西	326	52

（续表）

方位	倾向/(°)	倾角/(°)	方位	倾向/(°)	倾角/(°)	方位	倾向/(°)	倾角/(°)	方位	倾向/(°)	倾角/(°)
南西	244	56	北西	295	64	北西	314	71	北西	327	55
南西	248	58	北西	295	63	北西	314	74	北西	333	55
南西	255	58	北西	295	71	北西	314	69	北西	315	74
北西	275	85	北西	295	68	北西	314	69	北西	315	78
北西	274	38	北西	295	66	北西	315	70	北西	334	56
北西	275	87	北西	303	68	北西	315	74	北西	336	54
北西	275	75	北西	303	70	北西	315	75	北西	337	55
北西	275	79	北西	304	65	北西	315	76	北西	345	58
北西	276	78	北西	304	75	南西	256	62	北西	345	57
北西	276	84	北西	304	72	南西	256	64	北西	354	63
北西	277	80	北西	305	71	北西	315	80	北西	282	68
北西	305	72	北西	315	74	北西	283	70	北西	305	68
北西	316	75	北西	284	71						

在下列资料中凡未整理者加以整理，并根据整理后的结果用于编制（表 4-4-2）。

表 4-4-2　资料的整理

方位间隔/(°)	测定次数	平均倾向/(°)	平均倾角/(°)	方位间隔/(°)	测定次数	平均倾向/(°)	平均倾角/(°)
1～10	3	7	61	181～190	2	186	60
11～20	3	13	72	191～200			
21～30				201～210	4	205	70
31～40	3	36	70	211～220	3	215	50
41～50	9	45	79	221～230	10	224	76
51～60	10	55	70	231～240	9	236	69
61～70				241～250	3	245	55
71～80	3	74	62	251～260			
81～90	2	88	70	261～270			
91～100	7	95	71	271～280	10	275	79
101～110	1	105	58	281～290	7	284	70
111～120	9	112	74	291～300	12	295	66
121～130	18	125	71	301～310	15	305	70
131～140	19	136	80	311～320	18	315	74
141～150				321～330			
151～160				331～340	4	335	55
161～170	3	165	65	341～350	2	345	58
171～180	0	0	0	351～360	1	354	63

实验 5

地质图的阅读和分析

地质图是把地质测量的成果,以图表的形式来阐明该地区的地质构造、地质年代及岩层分布情况。因此,地质图是各种工程建筑设计的重要资料之一。公路、铁路工程人员依据地质图的阅读和运用,对路线通过区域地质条件进行分析和评价。

一、实验目的

(1) 了解编制地质图的原则,掌握阅读地质图的步骤和方法,培养阅读简单地质图的能力。

(2) 通过阅读分析,读出图示区域的地形地貌特征、地层分布、地质构造和地史简况。

二、实验用具

实验用地形地质图、报告纸、铅笔、三角板、颜色铅笔。

三、实验方法

地质图种类较多,有普通地质图、第四纪地质图、构造地质图、水文地质图、工程地质图,不同类型的地质图所表示的内容不同,分析方法也不相同,但阅读的步骤与方法是一致的,本实验以普通地质图为例。

1. 各种产状与构造在地质图上的表现特征

在正式阅读地质图之前,首先必须了解各种产状的岩层及各种地质构造在地质图上的表现特征,主要的地质构造有水平岩层、倾斜岩层、直立岩层、褶曲构造、断层及各种接触关系。

2. 读图步骤

(1) 先清楚了解地质图的规格和要素。拿到一幅地质图后,先看图名和比例尺、方位等,了解图幅所在地区范围及图的类型、图的缩小程度和地质体在图上的精确程度,这在很大程度上提供了阅读时空间上的概念。

(2) 熟悉图例,以便对该区地层层序和岩性有一个清晰完整的概念。

(3) 岩层与构造在地面上出露的形态与地形起伏有关,应根据地形等高线了解地区的地形特点,在无等高线的地质体上可根据河川与分水岭的特点了解地形相对起伏情况。

(4) 结合图例观察岩层的分布情况和岩层新老关系、接触关系,了解地区总的构造轮廓和出露岩层的岩石类型。

（5）根据产状要素、构造符号了解岩层走向、倾向和倾角的变化，及其与地形的关系和岩层的相互衔接关系，分析各种构造特征。

（6）根据以上观察结果，将有关岩性、地层、构造符号等基本概念及其在地质图上的分布特点及相互关系综合起来，全面了解地质图所表示地区的地质构造。根据上述内容分析出该地区的地质历史的发展过程。

四、实验内容

请按照地质图的读图步骤及要点阅读图 4-5-1、图 4-5-2 两幅地质图，要求书写以下内容：

（1）地势、水系特点。

（2）地层分布情况。

（3）地质构造分析。

（4）地质历史发展过程的综合分析。

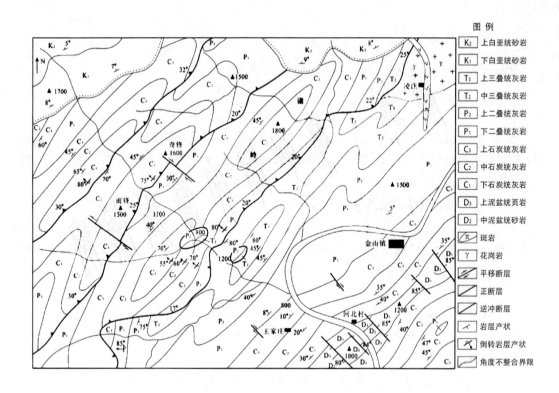

图 4-5-1　金山镇地质图(比例尺 1∶100 000)

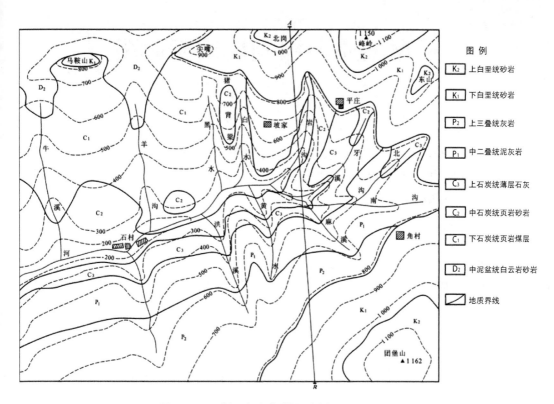

图 4-5-2　凌河地形地质图(比例尺 1 : 20 000)

根据地质图编制地质剖面图

地质剖面图是地质构造在垂直地表面上的水平投影,因此地质剖面图较平面地质图能更清楚地表明地下的地质情况。一幅地质图,常附有一个或几个全区主要构造位置处的剖面图,以补充平面图的不足。

一、实验目的

(1)掌握编制剖面图的步骤和方法。

(2)根据地质图,编制剖面图,以加深对地质图的理解程度,为以后阅读和作图打下基础。

二、实验用具

自备:三角板、圆规、量角器、方格纸、小刀、彩色铅笔,实验用地质图。

三、实验方法

1. 剖面线方向的选择

最好与岩层的倾斜方向一致,并通过该地区地形切割最深地段,因为这里地形起伏最大出露的岩层最多,能比较全面地反映地下岩层的构造情况。当剖面线位置选好后,在地质图上,沿需要作剖面的方向引一条直线,并在直线两端注上剖面线编号。

2. 根据地形图作地形剖面图

编制方法如图 4-6-1 所示:在方格纸上选一个基线,使基线与剖面线平行,且等于剖面线长度。同时,在基线的两侧作垂直比例尺(一般情况下使垂直比例尺与水平比例尺相等),且自下向上标明高度数字,此数字应稍高于剖面线所切最高等高线,而稍低于最低的等高线,其中间间隔与图内等高距相同。

沿剖面线与等高线的交点作垂线,投影于同标高的水平线上,再依地形高低起伏,将其连成光滑曲线,即成地形剖面图。

3. 在地形剖面图上作地质剖面图

沿剖面线与地质界线的交点(如 AB)作线,将 AB 两点投影于地形剖面线上的 A′、B′。然后按已知岩层产状要素(如岩层向东倾斜,倾角 30°)作 A′A″和 B′B″,则 A′A″代表泥盆系的下层面,B′B″代表泥盆系的上层面,A′A″与 B′B″之垂直距离为该岩层的厚度。最后填上地质符号,写出剖面图图名、比例尺、剖面线编号、地层代号。并将该剖面移至平面地质图下,使剖面图基线与平面图下边边框平行,编制地质剖面图的工作也就完成了。

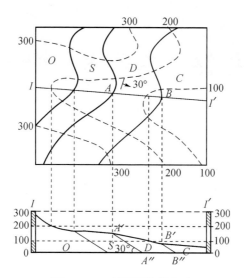

图 4-6-1　剖面图编制方法

当倾斜岩层的剖面方向与岩层走向垂直时(或平行倾向时),剖面上的岩层倾角是真倾角,如不垂直,则剖面上的岩层倾角变小,而成为视倾角(如图 4-6-2 所示)。真倾角与视倾角的关系如下:

$$\tan \gamma = \tan \alpha \cdot \sin \beta \tag{4-6-1}$$

式中　γ——视倾角;

$\quad\alpha$——真倾角;

$\quad\beta$——岩层走向与剖面方向的交角。

剖面图最好不放大垂直比例尺,如果放大,则该岩层倾角就会发生变化而受到歪曲。如必须放大者,则需用下面公式换算倾角:

$$\tan x = n \cdot \tan \alpha \tag{4-6-2}$$

式中　α——岩层真倾角;

$\quad n$——垂直比例尺放大倍数;

$\quad x$——垂直比例尺放大几倍后的倾角。

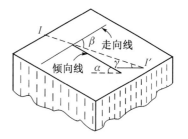

图 4-6-2　岩层倾角

如果所作剖面通过断层,则在剖面上应以地质符号将断层表示出来,并用箭头表示相对错动方向;在剖面图上如为褶曲构造,其顶部已被剥蚀,则须用虚线表示出来。

四、实验内容

试用上述方法步骤,在实验用地质图上作地质剖面图。

实验 7

编制潜水等水位线图

在地下水分布较浅的地区,为了合理布置建筑物与构筑物、规划城市建设、评价潜水对工程建筑物与构筑物施工的影响,常需编制潜水等水位线图或承压水等水压线图。

一、实验目的

(1) 了解潜水等水位线图的绘制原则与方法,并掌握阅读分析方法,以便为工程评价和利用服务。

(2) 编制潜水等水位线图。

二、实验用具

铅笔、三角板、地形底图。

三、实验方法

(1) 潜水等水位线图是在具有地形等高线的地形图上,表示潜水含水层水位的变化。由于地下水在不同时间有不同的水位,所以在实测水位时,所有观察点都要在同一时间进行。因工程需要常常要编制最高和最低水位时间的等水位线图。

潜水等水位线图即潜水面的等高线图,编制时应将野外所测得的钻孔、井、探井以及泉和沼泽的水位绘在地形图上,连接水位等高的各点即是潜水等水位线图。图上必须注明测定水位的日期。

潜水等水位线图的应用参考教材内容。

(2) 具体方法如下:

① 在地形图上精确标出所有水文地质观测点、泉、井、钻孔,用不同符号表示,并分别编号。

② 在每个观测点旁,以分子表示该观测点地面绝对标高,用分母表示潜水的水位绝对标高,如 4#(138.5/136.5)。

③ 用三点法(内插法)绘出高差为 1 m 的等水位线图。

④ 完成图名、图例、标明测制日期。

四、实验内容

(1) 在实验用地形图上绘制等水位线图。

(2) 根据绘制的潜水等水位线图(图 4-7-1),求:

① 潜水流向;补给关系。

② A、B 向的水力坡度。

③ 潜水的埋藏深度。

④ 若不透水层顶板标高为 32 m,试求含水层厚度。

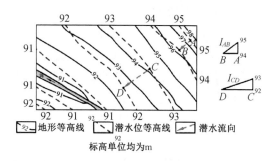

图 4-7-1 潜水等水位线图

阅读工程地质图

工程地质图综合反映了调查区域内的工程地质条件,为建筑物和构筑物的设计、施工和使用提供了重要的参考资料。

一、实验目的

(1) 熟悉与道路工程有关的几种工程地质图的形式及其所包含的内容。
(2) 学习阅读与分析工程地质图的步骤与方法。

二、实验用具

实验用工程地质图、彩色铅笔。

三、实验内容、方法

本次着重阅读线路工程地质图,同时对线路工程地质纵剖面图、路桥工程地质平面图以及隧道工程地质平面图需要有一定的了解。

读图的步骤同平面地质图,即先熟悉图名、图例、比例尺等,以明了图件的大概内容,然后再读该图具体内容。

试读如下图件:

(1) 阅读路线工程地质平面图:要了解图内所示范围内地形地质构造及地层岩性的分布情况,不良地质现象产生地点,地表水系分布和地貌分界,以及它们与采用线路方案和比较线路方案的关系,并根据所学的工程地质理论对两种方案的工程地质条件,进行分析比较和初步评价。

(2) 阅读线路工程地质纵断面图:以了解线路工程地质纵断面图的形式和内容,并学会通过纵断面图进行线路的工程地质评价。

(3) 阅读某工程地质平面图及隧道工程地质平面图。

实验附图:

① 线路工程地质平面图。
② 线路工程地质纵断面图。
③ 某工程地质平面图和断面图。
④ 隧道工程地质平面图和断面图。

实验 9

动力触探实验

一、实验目的

(1) 熟悉动力触探仪的使用方法。
(2) 掌握动力触探仪的工作原理。
(3) 掌握动力触探实验成果的应用。
(4) 培养学生分析问题和解决问题的能力。

二、实验原理

利用一定的锤击动能,将一定规格的圆锥探头打入土中,然后根据打入土中的难易程度来判断土的性质(根据能量守恒的原理进行分析)。

三、实验方法

圆锥动力触探实验技术要求应符合下列规定:
(1) 采用自动落锤装置(重型及以上)。
(2) 触探杆最大偏斜度不应超过 2%,锤击贯入应连续进行;同时防止锤击偏心、探杆倾斜和侧向晃动,保持探杆垂直度;锤击速率每分钟宜为 15~30 击。
(3) 每贯入 1 m,宜将探杆转动一圈半;当贯入深度超过 10 m,每贯入 20 cm 宜转动探杆一次。
(4) 对轻型动力触探当 $N_{10}>100$ 击或贯入 15 cm 锤击数超过 50 击时,可停止实验;对重型动力触探,当连续三次 $N_{63.5}>50$ 击时,可停止实验或改用超重型动力触探。

四、实验仪器设备

动力触探仪,包括导向杆、穿心锤、锤垫、探杆及探头。

五、实验步骤

(1) 先用钻具钻至实验深度。
(2) 将重锤提至一定高度自由落下,记录贯入一定深度的锤击数。
(3) 完成某一深度的动力触探实验,上提钻具。

六、实验数据处理

1. 数据处理

圆锥动力触探实验成果分析应包括下列内容：

（1）单孔连续圆锥动力触探实验应绘制锤击数与贯入深度关系曲线。

（2）计算单孔分层贯入指标平均值时，应剔除临界深度以内的数值、超前和滞后影响范围内的异常值。

（3）根据各孔分层的贯入指标平均值，用厚度加权平均法计算场地分层贯入指标平均值和变异系数。

2. 动力触探实验成果应用

根据圆锥动力触探实验指标和地区经验，可进行力学分层，评定土的均匀性和物理性质（状态、密实度）、土的强度、变形参数、地基承载力、单桩承载力、查明土洞情况、滑动面、软硬土层界面，检测地基处理效果等。应用实验成果时是否修正或如何修正，应根据建立统计关系时的具体情况确定。

七、实验要求及注意事项

1. 实验要求

（1）要求学生事先进行实验预习，熟悉实验程序、步骤及现行规范规程，认真进行实验，独立完成实验报告。

（2）了解实验设备的基本性能、应用范围。

（3）掌握动力触探实验的原理、测试方法及成果的应用，能正确分析实验结果和处理实验数据，并能根据实验结果对岩土的工程地质性质作出正确的判断与评价。

2. 注意事项

（1）严格控制探杆的倾斜度。

（2）锤击贯入应连续进行，不宜间断，锤击速率一般为 $15 \sim 30$ 击/min。

实验 10

平板载荷实验

一、实验目的

(1) 熟悉平板载荷仪的使用方法。

(2) 掌握平板载荷仪的工作原理。

(3) 掌握平板载荷实验成果的应用。

(4) 培养学生分析问题和解决问题的能力。

二、实验原理

由典型的平板载荷实验得到的压力-沉降曲线,即 p-s 曲线,可以分为三个阶段:

(1) 直线变形阶段:当压力小于比例极限压力 p_0 时,p-s 呈直线关系。

(2) 剪切变形阶段:当压力大于比例极限压力 p_0 而小于极限压力 p_u 时,p-s 由直线变为曲线关系。

(3) 破坏阶段:当压力大于极限压力 p_u 时,沉降急剧增大。

三、实验方法

(1) 浅层平板载荷实验的试坑宽度或直径不应小于承压板宽度或直径的 3 倍;深层平板载荷实验的试井直径应等于承压板直径;当试井直径大于承压板直径时,紧靠承压板周围土的高度不应小于承压板直径。

(2) 试坑或试井底的岩土应避免扰动,保持其原状结构和天然湿度,并在承压板下铺设不超过 20 mm 的砂垫层找平,尽快安装实验设备。

(3) 载荷实验宜采用圆形刚性承压板,根据土的软硬或岩体裂隙密度选用合适的尺寸;土的浅层平板载荷实验承压板面积不应小于 0.25 m²,对软土和粒径较大的填土不应小于 0.5 m²;土的深层平板载荷实验承压板面积宜选用 0.5 m²;岩石载荷实验承压板的面积不宜小于 0.07 m²。

(4) 载荷实验加荷方式应采用分级维持荷载沉降相对稳定法(常规慢速法);有地区经验时,可采用分级加荷沉降非稳定法(快速法)或等沉速率法;加荷等级宜取 10~12 级,并不应少于 8 级,荷载量测精度不应低于最大荷载的 ±1%。

(5) 承压板的沉降可采用百分表或电测位移计量测,其精度不应低于 0.01 mm;5 min、5 min、10 min、10 min、15 min、15 min 测读一次沉降,以后间隔 30 min 测读一次沉降,当连续两小时每小时沉降量小于等于 0.1 mm 时,可认为沉降已达相对稳定标准,施加下一级荷载;当实验对象是岩体时,间隔 1 min、2 min、2 min、5 min 测读一次沉降,以后每隔 10 min测读一次,当连续三次读数差小于等于 0.01 mm 时,可认为沉降已达相对稳定标准, 施加下一级荷载。

(6) 当出现下列情况之一时,可终止实验:

① 承压板周边的土出现明显侧向挤出,周边岩土出现明显隆起或径向裂缝持续发展。

② 本级荷载的沉降量大于前级荷载沉降量的 5 倍,荷载与沉降曲线出现明显陡降。

③ 在某级荷载下 24 h 沉降速率不能达到相对稳定标准。

④ 总沉降量与承压板直径(或宽度)之比超过 0.06。

四、实验仪器设备

平板载荷仪包括加荷系统,反力系统,量测系统。

五、实验步骤

1. 实验设备的安装

① 下地锚。

② 挖试孔。

③ 放置承压板。

④ 千斤顶和测力计的安装。

⑤ 横梁和连接件的安装。

⑥ 沉降测量系统的安装。

2. 实验步骤

(1) 加荷操作:加荷等级宜取 10～12 级,并不应少于 8 级,荷载量测精度不应低于最大荷载的 ±1%,最大加载量不小于特征值的 2 倍。

(2) 稳压操作:每级荷载下都必须保持稳压,可通过千斤顶不断地补压,以使荷载保持相对稳定。

(3) 沉降观测:采用慢速法时,对土体,间隔 5 min、5 min、10 min、10 min、15 min、15 min测读一次沉降,以后间隔 30 min 测读一次沉降,当连续两小时每小时沉降量小于等于0.1 mm时,可认为沉降已达相对稳定标准,施加下一级荷载;当实验对象是岩体时,间隔 1 min、2 min、2 min、5 min 测读一次沉降,以后每隔 10 min 测读一次,当连续三次读数差小于等于 0.01 mm 时,可认为沉降已达相对稳定标准,施加下一级荷载,直达实验终止条件。

六、实验数据处理

1. 数据处理

根据载荷实验成果分析要求,应绘制荷载(p)与沉降(s)曲线,必要时绘制各级荷载下沉降(s)与时间(t)或时间对数($\lg t$)曲线。

应根据 p-s 曲线拐点,必要时结合 s-$\lg t$ 曲线特征,确定比例界限压力和极限压力。当

p-s 呈缓变曲线时,可取对应于某一相对沉降值(即取 $s/d=0.01-0.015-0.02$,d 为承压板直径)的压力评定地基土承载力。

2. 平板载荷实验成果应用

(1)确定地基承载力。

(2)确定地基的变形模量。

(3)预估基础沉降。

土的变形模量应根据 p-s 曲线的初始直线段,可按均质各向同性半无限弹性介质的弹性理论计算。

浅层平板载荷实验的变形模量 E_0(MPa)可按下式计算:

$$E_0 = I_0(1-\mu^2)\frac{pd}{s} \tag{4-10-1}$$

深层平板载荷实验和螺旋板载荷实验的变形模量 E_0(MPa),可按下式计算:

$$E_0 = \omega\frac{pd}{s} \tag{4-10-2}$$

式中 I_0——刚性承压板的形状系数(圆形承压板取 0.785,方形承压板取 0.886);

μ——土的泊松比(碎石土取 0.27,砂土取 0.30,粉土取 0.35,粉质黏土取 0.38,黏土取 0.42);

d——承压板直径或边长,m;

p——p-s 曲线线性段的压应力,kPa;

s——与 p 对应的沉降,mm;

ω——与实验深度和土类有关的系数,可按表 4-10-1 选用。

基准基床系数 K_v 可根据承压板边长为 30 cm 的平板载荷实验按下式计算(表 4-10-1):

$$K_v = \frac{p}{s} \tag{4-10-3}$$

表 4-10-1 深层载荷实验计算系数 ω

d/z	土 类				
	碎石土	砂土	粉土	粉质黏土	黏土
0.30	0.477	0.489	0.491	0.515	0.524
0.25	0.469	0.480	0.482	0.506	0.514
0.20	0.460	0.471	0.474	0.497	0.505
0.15	0.444	0.454	0.457	0.479	0.487
0.10	0.435	0.446	0.448	0.470	0.478
0.05	0.427	0.437	0.439	0.461	0.468
0.01	0.418	0.429	0.431	0.452	0.459

注：d/z 为承压板直径和承压板底面深度之比。

七、实验要求及注意事项

1. 实验要求

（1）要求学生事先进行实验预习，熟悉实验程序、步骤及现行规范规程，认真进行实验，独立完成实验报告。

（2）了解实验设备的基本性能、应用范围。

（3）掌握载荷实验的原理、测试方法及成果的应用，能正确分析实验结果和处理实验数据，并能根据实验结果对岩土的工程地质性质作出正确的判断与评价。

2. 注意事项

（1）荷重应一次加满。

（2）确保沉降稳定。

实验 11

旁 压 实 验

一、实验目的

（1）熟悉旁压实验仪的使用方法。

（2）掌握旁压实验仪的工作原理。

（3）掌握旁压实验成果的应用。

（4）培养学生分析问题和解决问题的能力。

二、实验原理

旁压实验可理想化为圆柱孔穴扩张问题，可分为三段：

（1）初步阶段：反映孔壁扰动土的压缩。

（2）似弹性阶段：压力与体积变化量大致成直线关系。

（3）塑性阶段：随着压力的增大，体积变化量逐渐增加，最后急剧增大，达到破坏。

通过仪器的加压装置，将气压直接加到测量变形系统中的测量管液面，使其形成水压并传至旁压器，使弹性膜受压膨胀，导致孔壁土体受压而产生变形。变形量由测管水位下降值 S 测得，压力值由压力传感器（或精密压力表）测得。然后根据所测数据，绘制 $p\text{-}S$ 曲线，即为旁压曲线。

三、实验方法

（1）钻孔直径比旁压器外径大 2～6 mm。孔壁土体稳定性好的土层，孔径不宜过大。

（2）减轻孔壁土体的扰动。

（3）保护孔壁土体的天然含水量。

（4）孔形圆整，孔壁垂直。

（5）在下列孔段不宜进行旁压实验：

① 取过原状土样或进行过标准贯入实验的孔段。

② 跨在不同性质土层的孔段。

（6）最小实验深度、连续实验深度的间隔，离取原状土钻孔或其他原位测试孔的间距以及实验孔的水平距离均不宜小于 1 m。

（7）钻孔深度应比实验深度大 50 cm。当采用大直径钻具钻孔时，只能钻至实验段以上 1 m 处，然后按旁压实验要求孔径钻孔。

（8）对于不同性质的土层，宜选用不同的钻孔工具；对于坚硬—可塑状态的土层，可采

231

用勺型钻;对于软塑—流塑状态的土层,可采用提土器;对于钻孔孔壁稳定性差的土层,宜采用泥浆护壁钻进。

四、实验仪器设备

旁压仪由旁压器、加压稳压装置和量测装置等部件组成。

1. 旁压器

为三腔式圆柱形结构,外套有弹性膜,外径 50 mm(带金属保护套为 55 mm)。三腔总长 450 mm;中腔为测试腔,长 250 mm,体积 $V_c = 491$ cm³(带金属保护套为 594 cm³);上、下腔为保护腔,各长 100 mm,上、下腔之间用铜导管沟通,而与中腔隔离。三腔中轴心为导水管,用来排泄地下水,使旁压器能顺利放到测试深度。有的实验室为单腔式圆柱形结构,内部为中空的优质铜管,外套有弹性膜。

2. 加压稳压装置

压力源为高压氮气瓶,并附压力表。加压稳压均采用调压阀。

3. 量测装置

由不锈钢储水筒、目测管、位移和压力传感器、显示记录仪、精密压力表、同轴导压管及阀门等组成。用于向旁压器内注水、加载并测读孔壁土体受压后的相应变形值。

五、实验步骤

(1) 旁压器的注水管和导压管的快速接头应对号插入量测装置上的插座。

(2) 注水步骤应符合下列规定:

① 先向水箱注满蒸馏水或干净的冷开水。

② 把旁压器竖立于地面,打开水箱至测管和辅管管路上的所有阀门,阀 1 置于注水加压位置,阀 2 置于注水位置,阀 3 置于排气位置,阀 4 置于实验位置,并按逆时针方向拧松调压阀。

③ 向水箱稍加压力,加快注水速度。在此过程中需不停地拍打尼龙管和摇晃旁压器,以便排除旁压器和管路中滞留的气泡。

④ 当测管里的水位到达或稍高于零位时,关闭注水阀(阀 1、阀 2),旋松调压阀,终止注水。

(3) 调零和放入旁压器。把旁压器垂直举起,应使测试腔中点与测管零刻度相平,小心地将阀 4 旋至调零位置,把水位调到零位,并立即关闭阀 4,然后把旁压器放好待用。

(4) 加压测试方式应符合下列规定:

① 打开阀 1 置于实验位置,(调压阀应在最松位置),按记录仪上的记录键(此时显示应全部为零),随即将阀 4 置于实验位置,此时,旁压器内产生静水压力,该压力即为第 1 级压力。静水压力系旁压器测试腔中点至测管水面水柱产生的压力,按以下公式计算:

$$p_w = \gamma_w (H + Z) \tag{4-11-1}$$

式中　p_w——静水压力,kPa;

　　　H——测管水面距孔口的高度,m;

Z——旁压实验深度,m;

γ_w——水的重力密度,kN/m³,可取 10 kN/m³。

② 由下列两种加压方式中任选一种,进行加压:

● 高压氮气加压:首先接上氮气源,关闭手动加压阀,打开氮气加压阀,把氮气瓶上的减压阀按逆时针方向拧到最松位置(此时输出处于关闭状态),再打开氮气源闸,按顺时针方向拧减压阀,使高压减到比预计所需最高实验压力大 100~200 kPa,备用。

● 手动加压:首先接上打气筒,关闭氮气加压阀,打开手动加压阀,用打气筒向贮气罐加压,使贮气罐压力增加到比预计所需最高实验压力大 100~200 kPa,备用。加压时,缓慢地按顺时针方向旋转调压阀,调至所需压力,逐级加压。

(5) 实验压力增量,宜取预估临塑压力 p_f 的 1/5~1/7。

(6) 各级压力下的观测时间,可根据土的特征等具体情况,采用 1 min 或 2 min,按下列时间顺序测记测管水位下降值 S:

① 观测时间为 1 min 时:15 s、30 s、60 s。

② 观测时间为 2 min 时:30 s、60 s、120 s。

当记录仪上的数值闪烁不停时,表明该级观测时间已到,随即关闭阀 3,开始下一级的荷载实验。

(7) 终止实验,当测管水位下降值 S 为 40 cm 时或水位急剧下降无法稳定时,应立即终止实验。

(8) 终止实验的方法,应根据情况,采取下列措施之一,使旁压器里的水回上来或排净,弹性膜恢复到原来状态,以便顺利地从钻孔中取出旁压器。

① 实验深度小于 2 m,且尚需继续进行实验时,把调压阀按逆时针方向拧到最松位置(压力为 0),使整个管路和旁压器消压,利用弹性的约束力,迫使旁压器里的水回到测管和辅管。

② 实验深度大于 2 m,且尚需继续进行实验时,先打开水箱安全盖,再打开注水阀阀 2至注水位置,利用实验终止时旁压器和管路内处于高压的条件,迫使旁压器里的水回到水箱,然后,关闭注水阀阀 2,拧松调压阀,使整个管路和旁压器消压。

③ 当需排净旁压器内的全部水时,可打开阀 2 置于排水位置,利用实验终止时旁压器和管路内处于高压的条件,排净旁压器里的水,然后,拧松调压阀,使整个管路和旁压器消压。旁压器和管路消压后,为了使旁压器弹性膜恢复到原来状态,必须等待 2~3 min 后,方可取出旁压器。

六、实验数据处理

(1) 先对实验记录中的各级压力及其相应的体积(或测管水位下降值)分别进行校正。

① 压力的校正,按以下公式计算:

$$p = p_m + p_w - p_i \tag{4-11-2}$$

式中　p——校正后的压力,kPa;

p_m——压力表读数，kPa；

p_i——弹性膜约束力，kPa，由各级总压力（$p_m + p_w$）所对应的体积（或测管水位下降值）查弹性膜约束力校正曲线取得。

② 体积（或测管水位下降值）的校正，按以下公式计算：

$$V = V_m - a(p_m + p_w) \qquad (4\text{-}11\text{-}3)$$

式中 V——校正后的体积，cm^3；

V_m——$p_m + p_w$ 所对应的体积，cm^3。

当用测管水位下降值表示时，校正按以下公式计算：

$$S = S_m - a(p_m + p_w) \qquad (4\text{-}11\text{-}4)$$

式中 S——校正后的测管水位下降值，cm；

S_m——测管读数，cm。

（2）用校正后的压力 p 和校正后的体积 V（或测管水位下降值 S），绘制 $p\text{-}V$（或 $p\text{-}S$）曲线（即旁压曲线）。曲线的作图，可按下列步骤进行：

① 先定坐标。纵坐标为体积 V（或 S），以 1 cm 代表 100 cm^3（用 S 时，以 1 cm 代表5 cm 水位下降值）；横坐标为压力 p，其比例自行选定。

② 绘制曲线时，先连直线段，且两端延长，与纵轴相交，其截距为 V_0（或 S_0）；再用曲线板连曲线部分，定出曲线与直线段的切点，此点为直线段的终点。

（3）临塑压力 p_f 可按下列方法之一确定：

① 直线段的终点所对应的压力为临塑压力 p_f，对应的体积为 V_f（或 S_f）。

② 可按各级压力下 30 s 到 60 s 的体积增量 ΔV_{60-30}（或 ΔS_{60-30}），或 30 s 到 120 s 的体积增量 ΔV_{120-30}（或 ΔS_{120-30}），同压力 p 的关系曲线辅助分析确定，即 $p\text{-}\Delta V_{60-30}$（或 $p\text{-}\Delta S_{60-30}$）或 $p\text{-}\Delta V_{120-30}$（或 $p\text{-}\Delta S_{120-30}$），其转折点所对应的压力为临塑压力 p_f。

（4）极限压力 p_1 可按下列方法之一确定：

① 手工外推法。凭眼力将曲线用曲线板加以延伸，延伸的曲线应与实测曲线光滑自然地连接，取 $V = 2V_0 + V_c$（或 $S = 2S_0 + S_c$）所对应的压力为极限压力 p_1。

② 倒数曲线法。把临塑压力 p_f 以后曲线部分各点的体积 V（或 S）取倒数 $1/V$（或 $1/S$）作 $p\text{-}1/V$（或 $p\text{-}1/S$）关系曲线（近似直线），在直线上取 $V_0/12 + 2V_e$（或 $S_0/12 + S_e$）所对应的压力为极限压力 p_1。

（5）根据旁压曲线取得的临塑压力 p_f，应按以下公式确定承载力标准值 f_k：

$$f_k = p_f - p_0 \qquad (4\text{-}11\text{-}5)$$

式中 p_0——静止土压力，kPa。

（6）静止土压力 p_0，可根据地区经验由下列方法之一确定：

① 计算法，按以下公式计算静止土压力 p_0：

$$p_0 = k_0 \gamma Z + u \qquad (4\text{-}11\text{-}6)$$

式中 K_0——实验深度处静止土压力系数，可按地区经验确定，对于正常固结和轻度超固

　　结的土类可按:砂土和粉土取 0.5,可塑到坚硬状态的黏性土取 0.6,软塑黏
　　性土、淤泥和淤泥质土取 0.7;

γ——实验深度以上土的重力密度,为土自然状态下的质量密度 ρ 与重力加速度 g 的
乘积($\gamma = \rho \cdot g$),地下水位以下取有效重力密度,kN/m^3;

Z——旁压实验深度,m;

u——实验深度处土的孔隙水压力,kPa,正常情况下,它极接近地下水位算得的静水
压力,即在地下水位以上 $u=0$,在地下水位以下时,由以下公式确定:

$$u = \gamma_w(Z - h_w) \tag{4-11-7}$$

式中　h_w——地面距地下水位的深度,m。

　　② 作图法,延长直线段相交于纵轴,由交点作平行于横轴的直线相交于曲线,其交点所
对应的压力为静止土压力 p_0。

　　(7) 当 p-V(或 p-S)曲线上的临塑压力 p_f 出现后,曲线很快拐弯,出现极限破坏,其极
限压力 p_1 与临塑压力 p_f 之比值 $p_1/p_f < 1.7$ 时,地基承载力标准值 f_k 取极限压力 p_1 的一
半。

　　(8) 根据旁压曲线直线段的斜率,按以下公式计算地基土的旁压模量 E_m(MPa):

$$E_m = 2(1-\mu)\left(V_c + \frac{V_0 + V_f}{2}\right)\frac{p_f}{V_f + V_0} \tag{4-11-8}$$

当体积 V 采用测管水位下降值 S 表示时:

$$E_m = 2(1-\mu)\left(S_c + \frac{S_0 + S_f}{2}\right)\frac{p_f}{S_f + S_0} \tag{4-11-9}$$

式中　μ——土的侧向膨胀系数(泊松比),可按地区经验确定,对于正常固结和轻度超固结
的土类可按:砂土和粉土取 0.33 和淤泥质土取 0.41。

p_f——临塑压力,MPa;

V_c——旁压器中腔原始体积 491 cm^3,带金属保护套时为 594 cm^3;

S_c——旁压器中腔原始体积 V_c 用测管水位下降值表示,cm。

七、实验要求及注意事项

1. 实验要求

　　(1) 要求学生事先进行实验预习,熟悉实验程序、步骤及现行规范规程,认真进行实验,
独立完成实验报告。

　　(2) 了解实验设备的基本性能、应用范围。

　　(3) 掌握旁压实验的原理、测试方法及成果的应用,能正确分析实验结果和处理实验数
据,并能根据实验结果对岩土的工程地质性质作出正确的判断与评价。

2. 注意事项

　　(1) 实验前,应对仪器进行两种校正:弹性膜(包括保护套)的约束力校正和仪器综合变
形校正。具体校正项目应按下列情况确定:

① 新旁压仪首次使用时,两项校正均需进行。

② 更换新弹性膜(或保护套),需进行弹性膜约束力的校正。

③ 弹性膜一般进行 20 次实验后,需复校一次约束力。对于在 $p_f \leqslant 100$ kPa 的土中进行实验时,每进行 10 次实验后,需复校一次。当气温有较大变化或放置较长时间不用时,应重新校正。

④ 接长或缩短导压管和注水管时,需进行仪器综合变形校正。

(2) 弹性膜约束力的校正。方法是将旁压器竖立于地面,让弹性膜在自由膨胀情况下进行。校正实验前,应先对弹性膜进行加压,使测管水位下降值 S 达 36 mm 时,再退压至零,这样胀缩 5 次以上,然后进行正式校正实验。压力增量为 10 kPa,观测时间 1 min,操作方法和终止实验条件均按前述实验步骤进行。测得的压力 p 与体积 V(或 S)关系曲线,即为弹性膜约束力校正曲线。

(3) 仪器综合变形的校正。方法是将旁压器放进校正实验管内,在旁压器弹性膜受到径向限制的情况下进行。压力增量为 100 kPa,一般加到 800 kPa 以上终止实验。各级压力下的观测时间与正式实验一致。测得压力 p 与体积 V(或 S)关系曲线,其直线对 p 轴的斜率 $\Delta V/\Delta p$(或 $\Delta S/\Delta p$),即为仪器综合变形校正系数 α。

实验 12

静力触探—十字板剪切联合实验

一、实验目的

（1）熟悉静力触探—十字板剪切两用仪的使用方法。

（2）掌握静力触探—十字板剪切两用仪的工作原理。

（3）掌握静力触探—十字板剪切实验成果的应用。

（4）培养学生分析问题和解决问题的能力。

二、实验原理

静力触探探头贯入土体的机理是十分复杂的。要把实验数据 p_s、q_c、f_s 和 u 与土的物理力学参数建立理论关系是十分困难的。在工程上广泛采用的是经验对比的方法，在理论分析的基础上建立统计的经验关系，即半理论半经验方法。

静力触探的贯入机理的理论包括贯入阻力的理论、贯入时超孔隙水压力以及停止贯入时超孔隙水压力的消散理论。

1. 静力触探贯入阻力的理论

（1）承载力理论：假设土体为不可压缩的刚塑体，锥尖以下发生一定形状的剪切破坏，认为静力触探的锥尖阻力相当于深基础的极限承载力，借用桩端承载力的分析方法。

（2）孔穴扩张理论：假设锥形探头的贯入是在弹塑性无限介质中的圆球孔穴扩张、或圆柱孔穴扩张、或介于圆球与圆柱之间的孔穴扩张。这一理论的特点认为：贯入阻力不仅与土的强度有关，还与土的体积变形有关。

2. 静力触探贯入过程初始超孔压的分布理论

孔穴扩张理论：锥尖或锥面上的最大超孔压均大于锥头后的最大超孔压；贯入所产生的超孔压与土的不排水抗剪强度成正比；对正常固结土，其孔压系数为正值，随超固结比 OCR 的变大，孔压系数变小，甚至变为负值。

3. 孔压静探孔压消散理论

孔压静探探头停止贯入后，贯入时产生的超孔压开始消散。

三、实验方法

1. 静力触探实验的技术要求应符合下列规定：

（1）探头圆锥锥底截面积应采用 10 cm² 或 15 cm²，单桥探头侧壁高度应分别采用 57 mm 或 70 mm，双桥探头侧壁面积应采用 150～300 cm²，锥尖锥角应为 60°。

（2）探头应匀速垂直压入土中,贯入速率为 1.2 m/min。

（3）探头测力传感器应连同仪器、电缆进行定期标定,室内探头标定测力传感器的非线性误差、重复性误差、滞后误差、温度漂移、归零误差均应小于 1%FS,现场实验归零误差应小于 3%,绝缘电阻不小于 500 MΩ。

（4）深度记录的误差不应大于触探深度的 ±1%。

（5）当贯入深度超过 30 m,或穿过厚层软土后再贯入硬土层时,应采取措施防止孔斜或断杆,也可配置测斜探头,量测触探孔的偏斜角,校正土层界线的深度。

（6）孔压探头在贯入前,应在室内保证探头应变腔为已排除气泡的液体所饱和,并在现场采取措施保持探头的饱和状态,直至探头进入地下水位以下的土层为止;在孔压静探实验过程中不得上提探头。

（7）当在预定深度进行孔压消散实验时,应量测停止贯入后不同时间的孔压值,其计时间隔由密而疏合理控制;实验过程不得松动探杆。

2. 十字板剪切实验的主要技术要求应符合下列规定:

（1）十字板板头形状宜为矩形,径高比 1:2,板厚宜为 23 mm。

（2）十字板头插入钻孔底的深度不应小于钻孔或套管直径的 3~5 倍。

（3）十字板插入至实验深度后,至少应静止 2~3 min,方可开始实验。

（4）扭转剪切速率宜采用 1(°)/10 s,并应在测得峰值强度后继续测记 1 min。

（5）在峰值强度或稳定值测试完后,顺扭转方向连续转动 6 圈后,测定重塑土的不排水抗剪强度。

（6）对开口钢环十字板剪切仪,应修正轴杆与土间的摩阻力的影响。

四、实验仪器设备

静力触探—十字板剪切两用仪。

五、实验步骤

（1）率定探头,求出地层阻力和仪表读数之间的关系,以得到探头率定系数,一般在室内进行。新探头或使用一个月后的探头都应及时进行率定。

（2）现场测试前应先平整场地,放平压入主机,以便使探头与地面垂直;下好地锚,以便固定压入主机。

（3）将电缆线穿入探杆,接通电路,调整好仪器。

（4）边贯入,边测记,贯入速率控制在 1~2 cm/s。此外,孔压触探还可进行超孔隙水压力消散实验,即在某一土层停止触探,记录触探时所产生的超孔隙水压力随时间变化（减小）情况,以求得土层固结系数等。

（5）进行十字板剪切实验时,将圆锥探头换成十字板头,按静力触探的贯入方法将十字板头贯入到实验深度;使用旋转装置的卡盘卡住探杆,至少应静止 2~3 min,方可开始实验;扭转剪切速率宜采用 1(°)/10 s,并应在测得峰值强度后继续测记 1 min;在峰值强度或稳定值测试完后,顺扭转方向连续转动 6 圈后,测定重塑土的不排水抗剪强度。

六、实验数据处理

1. 静力触探数据处理

（1）对原始数据进行检查与校正，如深度和零漂校正。

（2）按下列公式分别计算比贯入阻力 p_s、锥尖阻力 q_c，侧壁摩擦力 f_s，摩阻比 F_R 及孔隙水压力 U。

$$p_s = K_p\varepsilon_p \qquad q_c = K_c\varepsilon_c \qquad f_s = K_f\varepsilon_f$$
$$F_R = f_s/q_c \times 100\% \qquad U = K_u\varepsilon_u$$

式中　K_p、K_c、K_u、K_f ——分别为单桥探头、双桥探头、孔压探头的锥头的有关传感器及摩擦筒的率定系数；

　　　　ε_p、ε_c、ε_u、ε_f ——为相对应的应变量（微应变）。

（3）分别绘制 q_c、f_s、p_s、F_R、U 随着深度（纵坐标）的变化曲线。

2. 静力触探实验成果应用

静力触探成果应用很广，主要可归纳为以下几方面：划分土层；求取各土层工程性质指标；确定桩基参数。

（1）划分土层及土类判别

根据静力触探资料划分土层应按以下步骤进行：

① 将静力触探探头阻力与深度曲线分段。分段的依据是根据各种阻力大小和曲线形状进行综合分段。如阻力较小、摩阻比较大、超孔隙水压力大、曲线变化小的曲线段所代表的土层多为黏土层；而阻力大、摩阻比较小、超孔隙水压力很小、曲线呈急剧变化的锯齿状则为砂土。

② 按临界深度等概念准确判定各土层界面深度。静力触探自地表匀速贯入过程中，锥头阻力逐渐增大（硬壳层影响除外），到一定深度（临界深度）后才达到一较为恒定值，临界深度及曲线达到一较为恒定值段为第一层；探头继续贯入到第二层附近时，探头阻力会受到上下土层的共同影响而发生变化，变大或变小，一般规律是位于曲线变化段的中间深度即为层面深度，第二层也有较为恒定值段，以下类推。

③ 经过上述两步骤后，再将每一层土的探头阻力等参数分别进行算术平均，其平均值可用来定土层名称，定土层（类）名称办法可依据各种经验图形进行。还可用多孔静力触探曲线求场地土层剖面。

（2）求土层的工程性质指标

用静力触探法推求土的工程性质指标比室内实验方法可靠、经济，周期短，因此很受欢迎，应用很广。可以判断土的潮湿程度及重力密度、计算饱和土重力密度 γ_{sat}、计算土的抗剪强度参数、求取地基土基本承载力 f_0、用孔压触探求饱和土层固结系数及渗透系数等。

（3）在桩基勘察中的应用

用静力触探可以确定桩端持力层及单桩承载力，这是由于静力触探机理与沉桩相似。双桥静力触探远比单桥静力触探精度高，在桩基勘察中应优先采用。

3. 十字板剪切实验数据处理

十字板剪切实验成果分析应包括下列内容：

（1）计算各实验点土的不排水抗剪峰值强度、残余强度、重塑土强度和灵敏度。

（2）绘制单孔十字板剪切实验土的不排水抗剪峰值强度、残余强度、重塑土强度和灵敏度随深度的变化曲线，需要时绘制抗剪强度与扭转角度的关系曲线。

（3）根据土层条件和地区经验，对实测的十字板不排水抗剪强度进行修正。

4. 十字板剪切实验成果应用

十字板剪切实验成果可按地区经验，确定地基承载力、单桩承载力、计算边坡稳定，判定软黏性土的固结历史。

七、实验要求及注意事项

1. 实验要求

（1）要求学生事先进行实验预习，熟悉实验程序、步骤及现行规范规程，认真进行实验，独立完成实验报告。

（2）了解实验设备的基本性能、应用范围。

（3）掌握静力触探——十字板剪切实验的原理、测试方法及成果的应用，能正确分析实验结果和处理实验数据，并能根据实验结果对岩土的工程地质性质作出正确的判断与评价。

2. 注意事项

（1）出现推力过大，地锚上拔或压重上抬，触探机移位（减小探杆摩擦力）。

（2）探杆在软土中出现挠曲（限制推力）。

（3）触探孔突然发生偏斜（纠斜）。

参 考 文 献

［1］杨医博.土木工程材料实验［M］.广州:华南理工大学出版社,2017.

［2］王光炎.土木工程材料［M］.哈尔滨:哈尔滨工业大学出版社,2014.

［3］国家质量监督检验检疫总局,国家标准化管理委员会.通用硅酸盐水泥 GB175—2007
［S］.北京:中国质检出版社,2008.

［4］国家质量监督检验检疫总局,国家标准化管理委员会.水泥密度测定方法 GB/T208—
2014［S］.北京:中国质检出版社,2014.

［5］国家质量监督检验检疫总局,国家标准化管理委员会.水泥细度检验方法筛析法 GB/
T1345—2005［S］.北京:中国质检出版社,2011.

［6］国家质量监督检验检疫总局,国家标准化管理委员会.水泥标准稠度用水量、凝结时
间、安定性检验方法 GB/T1346—2011［S］.北京:中国质检出版社,2011.

［7］国家质量监督检验检疫总局,国家标准化管理委员会.水泥胶砂流动度测定方法 GB/
T2419—2005［S］.北京:中国质检出版社,2011.

［8］国家质量监督检验检疫总局,国家标准化管理委员会.水泥比表面积测定方法勃氏法
GB/T8074—2008［S］.北京:中国质检出版社,2011.

［9］国家质量监督检验检疫总局,国家标准化管理委员会.水泥取样方法 GB/T12573—
2008［S］.北京:中国质检出版社,2011.

［10］国家质量监督检验检疫总局,国家标准化管理委员会.建设用砂 GB/T14684—2011
［S］.北京:中国质检出版社,2014.

［11］国家质量监督检验检疫总局,国家标准化管理委员会.建设用卵石、碎石 GB/
T14685—2011［S］.北京:中国质检出版社,2014.

［12］中华人民共和国住房和城乡建设部.普通混凝土拌合物性能试验方法标准 GB/
T50080—2016［S］.北京:中国建筑工业出版社,2017.

［13］中华人民共和国住房和城乡建设部.普通混凝土用砂、石质量及检验方法标准
JGJ52—2006［S］.北京:中国建筑工业出版社,2006.

［14］国家质量监督检验检疫总局,国家标准化管理委员会.金属材料弯曲试验方法 GB/
T232—2010［S］.北京:中国标准出版社,2010.

［15］国家质量监督检验检疫总局,国家标准化管理委员会.钢筋混凝土用钢第 1 部分:热轧
光圆钢筋 GB/T1499.1—2017［S］.北京:中国标准出版社,2018.

［16］国家质量监督检验检疫总局,国家标准化管理委员会.钢筋混凝土用钢第 2 部分:热轧
带肋钢筋 GB/T1499.2—2018［S］.北京:中国标准出版社,2018.

[17] 国家质量监督检验检疫总局,国家标准化管理委员会. 沥青软化点测定法环球法 GB/T4507—2014[S]. 北京:中国质检出版社,2014.

[18] 国家质量监督检验检疫总局,国家标准化管理委员会. 沥青延度测定法 GB/T4508—2010[S]. 北京:中国标准出版社,2011.

[19] 国家质量监督检验检疫总局,国家标准化管理委员会. 沥青针入度测定法 GB/T4509—2010[S]. 北京:中国质检出版社,2011.

[20] 刘志勇. 土木工程材料实验[M]. 成都:西南交通大学出版社,2014.

[21] 谷端伟,原俊红. 土工试验教程[M]. 北京:人民交通出版社,2014.

[22] 唐贤强等. 地基工程原位测试技术[M]. 北京:中国铁道出版社,1993.

[23] 袁聚云等. 土工试验与原位测试[M]. 上海:同济大学出版社,2004.

[24] 林宗元. 岩土工程试验监测手册[M]. 沈阳:辽宁科学技术出版社,2005.

[25] 张如三,王天明. 材料力学[M]. 北京:中国建筑工业出版社,1997.

[26] 刘鸿文等. 材料力学实验[M]. 北京:高等教育出版社,1994.

[27] 卢智先,金保森. 材料力学实验[M]. 北京:机械工业出版社,2003.

[28] 徐育澄,王杏根,高大兴. 工程力学实验[M]. 武汉:华中科技大学出版社,2002.